趣味发明与实践
QUWEIFAMINGYUSHIJIAN

趣味 生物标本

QUWEISHENGWUBIAOBEN

刘勃含◎编著

中国出版集团
现代出版社

图书在版编目（CIP）数据

趣味生物标本／刘勃含编著.—北京：现代出版社，2012.12（2024.12重印）

ISBN 978 - 7 - 5143 - 0949 - 2

Ⅰ.①趣… Ⅱ.①刘… Ⅲ.①生物 - 标本制作 - 青年读物②生物 - 标本制作 - 少年读物 Ⅳ.①Q - 34

中国版本图书馆 CIP 数据核字（2012）第 275287 号

趣味生物标本

编　著	刘勃含	
责任编辑	张　晶	
出版发行	现代出版社	
地　址	北京市朝阳区安外安华里 504 号	
邮政编码	100011	
电　话	010 - 64267325　010 - 64245264（兼传真）	
网　址	www. xdcbs. com	
电子信箱	xiandai@ cnpitc. com. cn	
印　刷	唐山富达印务有限公司	
开　本	710mm × 1000mm　1/16	
印　张	12	
版　次	2013 年 1 月第 1 版　2024 年 12 月第 4 次印刷	
书　号	ISBN 978 - 7 - 5143 - 0949 - 2	
定　价	57. 00 元	

前　言

学习生物，离不开生物标本，因为一堂生动的生物课，标本是必不可少的。

在生物教学中，生物标本是重要的直观教具。运用生物标本进行教学，有助于推行素质教育，提高教学质量。在倡导探究性学习、力图改变学生的学习方式的大环境引导下，学生们主动参与、乐于探究、勤于动手，培养了学生获取新知识的能力，同时也突出了学生们的创新精神。

通过制作好玩的生物标本，学生才能理解得更加准确、有趣、全面、透彻，使师生互动，有利于突破重点，化解难点；有利于学生迅速获得正确的知识。

此外，采集制作生物标本，还可以帮助学生们从实践中获取知识，巩固加深书本知识，弥补课堂教学的不足，扩大学生的视野。此外，还能发展学生们的智力，培养学生们的综合动手能力。例如，在采集蛙卵时，要求学生们区分蛙卵和蟾蜍卵，免得他们把蟾蜍卵当作蛙卵采集回来。通过实际接触，学生们不仅能识别蛙卵和蟾蜍卵，而且印象更加深刻。

制作标本，在学术研究上也是一种必需的材料。研究植物分类要用腊叶标本和植物浸制标本；研究动物分类时，要用剥制标本、动物浸制标本、动物干制标本和骨骼标本；在进行药物研究时，也要制作和应用有关的标本。

在本书中，编者精心收集整理大量资料，全面指导读者如何制作生物标本。通过阅读本书，能使大家轻松地掌握许多标本的知识及各类标本的做法。在做中学、在学中得到快乐，这就是编者们编写本书的目的。

目 录

好玩的生物标本

生物标本，新奇又好玩。既能增加生物课的趣味性，又能在实践中锻炼学生们的动手能力。

制作生物标本，最让学生感兴趣的莫过于能到大自然中采集标本了。常年闷在教室里的学生，终于有机会走出教室，到自然界里开展新奇有趣的课外教学活动，那份欣喜和激动的心情，会叫他们更加专注于手头上的标本采集、制作活动。

学生亲自动手采集、制作生物标本，让他们在娱乐中学到了知识，这能极大地激发他们学习生物的热情。

什么是生物标本

在日常学习生活中，经常会听到"标本"一词。那么什么是标本呢？查阅词典，我们可以知道，根据字义和不同的引用范围，对标本有不同的解释。标本有表里、内外、本末的意思，就科研教学活动来说，标本是指能够供学习、研究及观赏用的实物原样或者经过整理而保持原形的动物、植物、矿物等实物样品。

标本大致可分为：兽类标本、鸟类标本、鱼类标本、昆虫类标本、植物标本、骨骼标本、虾蟹类标本、化石类标本、矿物类标本等，它们统称为生物标本。

生物标本的概念

生物标本是指将动物或植物的整体或局部整理后，经过加工，保持其原形或特征，并保存在科研单位、学校的实验室或博物馆中，供生物学等学科科学研究、教学或陈列观摩用的实物。

生物标本的特点

生物标本的广泛应用取决于其自身独特的特点。

首先，生物标本具有生动、形象、稳定性好、真实感强的特点。

生物标本准确、完整地反映生物，为同学们观察、实验和深入地钻研知识之间的内在联系带来了方便，有助于同学们正确、迅速地理解和掌握知识，并且记得快、记得牢，从而可以激发学习兴趣，提高求知欲望。例如，家兔的生理功能是比较抽象的知识，而通过家兔的解剖浸制标本和外形剥制标本，首先能使同学们明白任何动植物的形态结构都是与其生活环境和生理功能相适应的——家兔的盲肠粗大就是与草食性相适应的，等等。另外，结合标本表现的家兔的形态结构去领会其生理功能，学习也变得生动活泼，知识间的内在联系也容易理解。又如，同学们通过观察植物根系的干制标本，能很容易理解庞大的根系有利于固定植物体，有利于从土壤中吸收水分和无机盐。

其次，生物标本克服了空间和时间的限制，具有特殊的效果。

动植物种类繁多，区域性分布复杂，有的只生在南方，有的则为北方所特有。如果把不同地区特有的物种制成标本并广泛流传，就可以从根本上克服区域性的空间限制，使生活在南方的人们可以看到北方的动植物，生活在

蝴蝶标本

北方的人们可以看到南方的动植物。

在生物教学时，如果遇到植物凋谢、动物蛰伏的寒冬时节，使用事先采集制作各种生物标本，就可以让同学们在课堂上可以看到动植物的实体，克服了时间给学习带来的种种限制；如果需要系统地了解某种生物的系列发育变化，例如蝌蚪的发育，蚕的生活史，种子的萌发等，由于观察活体的这个全过程需要有足够长的时间，所以使用事先在其各个发育阶段选择典型个体制成的系列标本，那就可以收到在同一时间内观察不同时期生物发育过程的效果。

生物标本的分类

按照不同的分类标准，生物标本可以分为不同的种类，常用的分类方法如下：

1. 按制作对象不同，可分为动物标本、植物标本和微生物标本。

2. 按制作方法不同，可分为干制标本、浸制标本、剥制标本、骨骼标本、腊叶标本、玻片标本、模式标本等，也有把剥制标本和腊叶标本列入干制标本的。

知识点

动物标本制作

为了长期保存动物的特征，采取物理或化学手段，对动物整体或部分进行制作处理。目前，通常的动物标本制作方法有浸制和剥制两大类。动物标本浸制法所用的保存药剂，以酒精及甲醛液最为普遍。采到的动物标本，可直接浸存于70%的酒精或5%～10%的甲醛液或二者各半的混合液中。活的标本，要首先在纯净甲醛液或95%酒精的固定液中浸泡，然后再移置于保存液中。大形动物标本要在杀死后，将标本复面剖一小缝，使保存液易于渗透内部，或用注射器向体腔注射保存液。浸制动物标本，要在标本未固定变硬时，将附肢及其他体部伸直，成为适当姿势，并在附肢或其他位置拴上标签，用黑墨水注明该标本名称、采集期与采集地。标本浸入保存液后，药液如变得污浊，应随时更换。装标本用的瓶，应在瓶塞处用石蜡密封，以防保存液蒸发。

延伸阅读

标本制作世家

唐氏家族是现在中国唯一一个从事动物标本制作的家族，开中国许多地区的动物标本制作之先河。唐氏家族制作标本的历史可以追溯到 19 世纪。最早的标本制作人唐春英在 1861 年便开始了制作标本。后来，唐家从福建来到上海，一家六代子孙都从事标本制作工作，人称"标本唐"。

除了享誉南方的唐氏家族外，制作标本比较有名的，还有北方的刘树芳及其弟子。

刘树芳是北京动物园著名标本制作技师。是中国最早一批受过专门培训的标本制作技师，在长期的工作中，他创始了"北派标本制作技术"。

刘树芳及其弟子与源自中国南方的标本唐家被人们称为动物标本制作领域的两大世家，人称"南唐北刘"。

生物标本的用途

生物标本的用途有很多方面，比如科学研究和生物教学都离不开生物标本，此外，生物标本在课外活动、绘图、展览、观赏等方面也有重要作用。

科学研究中的作用

生物标本可以为科研工作者提供最直接、最可靠、最精确的直观实物及有关数据，对于在室内深入研究各种生物的生活、生长、发育及繁殖规律有重要意义。

比如，植物分类学家在对各种植物进行系统分类时，必须以植物标本作为主要依据，分析它们之间在根、茎、叶、花、果实、种子等方面的相同点和不同点，正确判断出它们的特征，才能对每一种植物作出准确无误的鉴定。

再比如，我国明代杰出的医药学家李时珍，重视临床实践，主张革新，在群众的协助下，经常上山采药，深入民间，向农民、渔民、樵夫、药农、铃医请教，同时参考历代医药及有关书籍，并收集整理宋、元时期民间发现的很多药物，充实了医药学内容，经过 27 年的艰苦努力，著成《本草纲目》一书。在这部巨著中，李时珍根据对植物标本的分类、定名、鉴定，使一些由于不同药物有着同一名称，同一药物有着不同名称所引起的混乱得以澄清，书中共收集原有诸家《本草》所载药物 1 518 种，新增药物 374 种，是我国医药学的一份宝贵遗产。

植物标本

生物教学中的作用

在生物教学中，生物标本的用途更加广泛。中国有句成语，叫做"百闻不如一见"，即使在科学技术比较发达的今天，这句成语仍然符合实际。在课堂上，常常会出现这样的现象：老师在讲台上无论怎样用生动具体的语言描述某个动物的特征，讲台下听课的学生仍然无精打采，提不起精神，但当老师出示了这一动物的标本后，课堂气氛顿时活跃起来，学生的注意力都集中到这个形象而生动的"动物体"上，老师的讲解把他们带进一个忘我的境地，使他们一面听讲，一面观察，大脑也同时在记忆、思考。这样的生物课，老师教得生动活泼，学生学得津津有味，而且懂得快，记得牢。

课外活动中的作用

同学们在课余时间会选择参加各种课外活动来丰富自己的知识。在众多课外活动中，生物标本的采集与制作是备受青少年喜爱的一种活动。采集标本能使同学们走向大自然、开阔视野、活跃思想、启迪思维；而制作标本又能使同学们不仅亲自动手做出栩栩如生、招人喜爱的生物标本，而且进一步巩固了所学的生物学知识，提高了自己的观察能力和动手能力。

此外，在自然博物馆里，常常可以看到许多珍贵的动植物标本，这些生物标本的展出，为更多的人群提供了学习生物学知识的条件；在商店的柜台

QUWEI SHENGWU BIAOBEN

上和窗橱中，也常常摆设有生物标本，这些被制成各种形态奇特，活灵活现的生物工艺品，可供人们观赏、购买；在绘画和制图的场所，生物标本还常常被当做最形象、最直观的临摹道具。

成　语

　　成语是我国汉字语言词汇中一部分定型的词组或短句。成语有固定的结构形式和固定的说法，表示一定的意义，在语句中是作为一个整体来应用的。成语有很大一部分是从古代相承沿用下来的，在用词方面往往不同于现代汉语，而代表了一个故事或者典故。成语又是一种现成的话，跟习用语、谚语相近，但是也略有区别。成语大都出自书面，属于文言性质的。其次在语言形式上，成语是约定俗成的四字结构，字面不能随意更换；成语在语言表达中有生动简洁、形象鲜明的作用。

　　汉语中大概有5万多条成语，其中96%为四字格式，也有三字、五字、六字、七字等以上成语。如"五十步笑百步"、"闭门羹"、"莫须有"、"欲速则不达"、"醉翁之意不在酒"等。成语一般用4个字，这大概是因为四字容易上口。如我国古代的诗歌总集《诗经》，就以四字句为多，古代历史《尚书》，其中四字句也有一些。后来初学读的三、百、千：《三字经》、《百家姓》、《千字文》，其中后两种即全为四字句。《四言杂字》、《龙文鞭影》是四言。这虽然是训蒙书，也足以说明四字句之为人所喜爱、所乐诵。

　　古人有些话，本来够得上警句，可以成为成语。只是因为改变为四字，比较麻烦，也就只好把它放弃，作为引导语来用。例如宋朝范仲淹的《岳阳楼记》，有"先天下之忧而忧，后天下之乐而乐"之语，意思很好，但因字数较多，就没能形成成语，我们只能视为警句，有时可以引入文章。而如"吃苦在前，享乐在后"，就容易说，容易记，便可以成为成语。而同在《岳阳楼记》中的一句"百废俱兴"，因为是四个字，所以就成了成语。

延伸阅读

植物腊叶标本的保存

植物腊叶标本，要保管在密封干燥的腊叶标本橱内。

新制标本，因为常有害虫和虫卵寄生，入橱时最好用药消毒。可以用二硫化碳（约0.5千克）盛在容器内，放入杀虫箱（1.7平方米）中，两日后开箱，使毒气散尽，拿出标本。二硫化碳气体比空气密度大，药品应放在标本上面。或者把未上台纸的标本放入0.5%的升汞酒精（工业用75%）溶液中浸一次，制好后入橱。升汞有毒，并能与金属起化学作用，切忌使用金属器械。用时要戴橡皮手套，事后用肥皂洗手，标本用什么药品杀虫，应在台纸上注明，以防中毒。

腊叶标本橱内要放樟脑精以防虫蛀。

分类：入橱标本要进行分类才便于利用。植物根、茎、叶、花、果实的腊叶标本，可按课本上的次序排列。分类标本在按照分类系统，分科排列。目前标本室常用的分类系统有恩格斯、克朗奎等分类系统。橱门上应有分科目录表，橱内要有分科标签，便于查找。

维修：如果标本中的叶片脱落，可用毛笔在叶背面刷胶水（植物胶），按照自然姿态贴好，阴干。枝茎断裂的要用醋酸乙烯胶粘贴，再贴上胶水纸。发霉和虫蛀的标本，用毛笔蘸95%酒精或10%福尔马林液洗刷，干后用毛笔刷除霉斑。台纸和盖纸破损的要调换新的。

移动标本，手脚要轻，不要翻转颠倒。入橱标本，不要太挤。标本外借，要多用填纸包装，注意防潮。

生物标本的制作原理

要制作出合格的各种生物标本，既要符合科学性，做到真实、完整，还要摸拟出生活中的自然形态和神气，才能完美地显示出栩栩如生的姿态，使观赏者对标本的主题内容进行仔细观察、深入研究，从而使标本具备一定的科学应用价值。因此，制作生物标本需要遵循一定的原理。

符合标本的生物学特性

蜘蛛标本

制作各种生物标本，首先要熟悉制作对象的生物学特性，如形态、结构、生理机制、生活习性以及标本组织结构方面的理化性质等，然后结合标本的用途，如教学、科研或科普展出等，做出"制以致用"的制作方案。

在制作过程中，只有自始至终结合生物学的特征，才能使制成的标本既不失真，又能满足需要，还可持久保存。

此外，还要根据对标本质量的具体要求和制作条件，"因材施制"。因此，标本制作的方式、方法不是一成不变的。例如，鸟兽标本通常是采用剥制方法，但是如果采集的标本由于置放时间过长或贮藏不当，在制作时其羽毛已明显脱落，甚至躯体已经有轻微腐败的迹象，那就失去了剥制的基本条件，可以改做骨骼标本，如果是珍贵的标本，也可以改做成浸制标本。

总之，只有掌握了标本的生物学特性，结合标本的具体条件，才能制作出具有典型特征、符合需要、利于保存的生物标本来。

选择合适的制作材料

在确定某种生物标本的制作、保存方法后，要根据各种制作材料的化学性能进一步精选所需要的制作材料，只有针对需用材料的化学性能及其经济效益择优选取，才能收到好的效果。

例如，常用试剂中的酒精（乙醇）和福尔马林（甲醛水溶液），它们虽然都有灭菌、固定作用，但对生物体所起的效应，却各有特点。

酒精有较强的杀菌能力，渗透能力强，并有脱水作用，是一种常用的、效果比较好的灭菌、固定剂。它的缺点是易使标本收缩、僵硬。一般使用浓度为70%～75%，浓度过高灭菌效果反而降低。为了避免标本收缩、僵硬，在单独使用酒精固定标本时，宜采用由低浓度到高浓度渐次升高的方法来解决。

福尔马林是一种无色、有刺激性气味的液体，具有强烈的杀菌作用，渗透力强，固定速度快，并有良好的防腐性能。它的缺点是易使标本发涨。常用浓度为5‰~10‰配制，按市售福尔马林的浓度为100%计算。

综上所述，我们应根据每种溶液的特点，除有目的地单独使用外，在配制标本液时还可以扬长避短，把酒精和福尔马林配成混合浸液使用。此外，酒精价格较高，福尔马林价格较低，两者混合使用还可降低成本，比较经济。

除各种化学试剂、药品外，对制作标本使用的其他物品，如铁木材料、玻璃、有机玻璃和塑料制品等，也需了解并掌握其性能、规格等，从而达到经济有效、运用自如、合理使用的目的。

正确制作生物标本

自然界中各种生物都有一套适应外界环境的形态、生理结构和本能，随着其中奥秘的不断揭露，它们在近代仿生应用方面已经发挥了很大的启示作用。因此生物标本制作对这一点应该高度重视，并保证所制作的标本完全符合科学实际。

在制作标本时，对于标本的结构需结合物理学原理进行加工，以保持姿态自然，重力平衡，支撑牢固。

知识点

剥制标本

剥制标本就是将动物皮张连同上面的毛发、羽毛、鳞片等衍生物一同剥下制成的标本，是作为动物实体存在的一个证据，主要用于动物学研究、科普及观赏之用。

剥制标本分为真剥制和假剥制两类。

所谓真剥制就是将动物皮张还原成生活姿态加以展示，也称"姿态标本"。还有一类就是假剥制。所谓假剥制，实际上也完成了剥皮的过程，只是不再将皮张还原成原来动物的姿态，而是简单地展示皮张上体现的特征。因为仅完成一半工序（缺少皮张还原整形流程），所以假剥制标本也叫半剥制标本，用于科研的标本通常都是这种类型，具有节省空间，便于和别的相似标本进行比较的特点，特别适合于学术研究中物种亚种的鉴别。

延伸阅读

浸制标本和材料

浸制标本和实验材料都应有标签，标签要贴实，外表涂蜡，按编号平稳地放入生物橱中保存。标本瓶不能震动，以免打碎，并且不宜放在有阳光直接照射、高温或0℃以下的地方，以防封蜡熔化和玻璃瓶冻裂。植物实验材料也可以不用药液浸制，标本瓶底放些浸有20%福尔马林的药棉，上盖白纸，再封口。材料多时可以在塑料袋里放少量20%福尔马林液体，再放入实验材料，扎紧袋口，也能长期保存。要用登记簿按记号记下每瓶标本的制作日期和药液配方，便于日后检查处理。原色标本要放在有板门的生物橱内，防止因阳光照射而褪色。溶液发黄浑浊和标本露出液面，要及时更换和补充新液（加10%福尔马林等）。

如果保存的实验材料将要变质，可增加保存液浓度。浸制透明标本会产生许多气泡，可用注射器抽出。标本上贴字号等如果脱落，可用药棉吸干脱落部位，用明胶液粘贴。如果固定标本的玻璃板打碎，用钻石刀划好玻璃，用砂轮将四边磨平，重新固定放入。

加换溶液和封瓶宜在夏季进行，因为夏季瓶盖容易开启，转动盖上的玻璃球，然后拨出瓶盖。也可用刀尖除去封蜡后开瓶。

生物标本的制作原则

采集和制作一件合格的生物标本，不是一件十分容易的事，这不仅需要经过一系列的加工处理，而且要严格遵循以下4个基本原则。

真实性原则

真实性原则是要求生物标本一定要是实实在在的生物实体。生物标本若失去了真实性，那就没有一点价值，并且也毫无意义。生物标本的实质是经过加工处理的生物体本身，因此，如果在做生物标本时不使用生物体本身，而采用其他东西代替，这样炮制出来的"标本"就不能称其为生物标本。对

活灵活现的鱼标本

于不同动植物体的不同部分是不能拼凑的，必须防止以假乱真而失去标本的真实性。

典型性原则

典型性是指所采集的生物标本必须是能够体现这一物种的最突出的特征，并且这些特征是最明显、最能说明问题的。为此，一定要采集那些具有典型特征的生物体，不典型将会给分类、定名、识别、辨认带来许多不必要的麻烦。

完整性原则

完整性原则要求用于制作生物标本的生物体不能缺东少西，丢此掉彼，而应是一个完全的整体。例如，一棵植株包括根、茎、叶、花、果实、种子，制作一个完整的草本植物的腊叶标本，这6个部分就应完整无缺；如果在采集时不慎

完整的蝴蝶标本

碰坏了花、丢了果实或弄断了根，这棵植株就不宜再做标本，即使做了也已经失去它本身的生物学意义。因为植物生长发育有阶段性，所以通常不可能一次性采集到花果俱全的植株整体，而需要根据不同种类的植物花期、果期分批采集齐全。

以科学性为主、艺术性为辅

生物标本在制作技术、定名等方面都应尊重科学，即生物标本应具有科学性，这是不言而喻的。但我们同时还应注意生物标本的艺术性；有些标本的确科学性很强，但粗制滥造，叫人看起来很不舒服，这也是不可取的。

制作生物标本是科学性与艺术性相结合的一项技术操作。相对来说，属于科普范围内的生物标本，在强调科学性的同时，有必要在制作过程中适当

配合一些工艺手段，如标本的姿态和配装一些简要的背景，以及适度的装潢等。但是，既然是生物标本，就应以科学性为主，艺术性为辅，一些不必要的加工缀饰不宜喧宾夺主地过于发挥，以免失去标本的科学应用价值，也就是说，应该注意保持生物标本的科学严肃气氛。例如，在中学植物标本竞赛中，有的参赛标本适当加饰了彩色吹塑纸作为标本的衬托，外观比较协调大方，但是有的标本在衬托之外又粘贴了不必要的花边，费了较多的工夫，实际上反倒破坏了标本的严肃性。

植　物

　　植物是生物界中的一大类。植物可分为孢子植物和种子植物。一般有叶绿素、基质、细胞核，没有神经系统。植物可以分为藻类、地衣、苔藓、蕨类和种子植物，种子植物又分为裸子植物和被子植物，有30多万种。植物是能够进行光合作用的多细胞真核生物。但许多多细胞的藻类也是能够进行光合作用的生物，它们与植物的最重要区别就是水生和陆生。

　　综上所述，植物是适于陆地生活的多细胞的进行光合作用的真核生物，由根、茎、叶组成，表面有角质膜、有气孔、输导组织和雌雄配子囊，胚在配子囊中发育。这些重要区别说明植物与藻类十分不同，因此五界系统中把藻类列入原生生物界。但另一方面，藻类和植物有许多共同之处，是否确应属于不同的界，尚有争论。

生物学的研究对象

　　地球上现存的生物估计有 200 万～450 万种；已经灭绝的种类更多，估计至少也有 1 500 万种。从北极到南极，从高山到深海，从冰雪覆盖的冻原到高温的矿泉，都有生物存在。它们具有多种多样的形态结构，它们的生活方式也变化多端。从生物的基本结构单位——细胞的水平来考察，有的生物尚不具备细胞形态，在已具有细胞形态的生物中，有的由原核细胞构成，有的由真核细胞构成。从组织结构水平来看，有的是单生的或群体的单细胞生物，有的是多细胞生物，而多细胞生物又可根据组织器官的分化和发展而分为多种类型。从营养方式来看，有的是光合自养，有的是吸收异养或腐食性异养，有的是吞食异养。从生物在生态系统中的作用来看，有的是有机食物的生产者，有的是消费者，有的是分解者，等等。生物学家根据生物的发展历史、形态结构特征、营养方式以及它们在生态系统中的作用等，将生物分为若干界。当前比较通行的是美国 R·H·惠特克于 1969 年提出的五界系统。他将细菌、蓝菌等原核生物划为原核生物界，将单细胞的真核生物划为原生生物界，将多细胞的真核生物按营养方式划分为营光合自养的植物界、营吸收异养的真菌界和营吞食异养的动物界。中国生物学家陈世骧于 1979 年提出六界系统。这个系统由非细胞总界、原核总界和真核总界 3 个总界组成，代表生物进化的 3 个阶段。非细胞总界中只有一界，即病毒界。原核总界分为细菌界和蓝菌界。真核总界包括植物界、真菌界和动物界，它们代表真核生物进化的 3 条主要路线。

制作生物标本的意义

　　从前两节的内容我们不难看出，生物标本具有独特的特点和广泛的用途，因此，学习制作生物标本，是一件非常有意义的事。

激发学习兴趣

　　生物标本的采集与制作能活跃人的思想，激起我们对大自然的热爱，培养我们学习生物学的兴趣。

　　爱因斯坦说："兴趣是最好的老师。"对任何一门课程的学习，只要热爱，就一定会主动去学。而热爱和主动地去学习一门课程的关键是要有学习的兴趣。学习兴趣是对学习的一种积极的认识倾向与情绪状态。一个学生一旦对某一学科有兴趣，他就会持续地、专心致志地去钻研，学习效果必然会得到提高。学习和兴趣的作用是相辅相成的，从对学习的促进来说，

爱因斯坦

兴趣可以成为学习的动因；从由学习产生新的兴趣和提高原有兴趣来看，兴趣又是在学习活动中产生的，可以认为是学习的结果。

学习兴趣有两类：一类是间接兴趣，它是由学习活动的结果引起的，如获得一个好的学习成绩等；另一类是直接兴趣，即由所学材料或学习活动本身所引起的兴趣。间接兴趣和直接兴趣都能激发同学们的学习欲望，但大量实践表明，对学习的直接兴趣才是提高学习质量最有利的因素。

同学们在学校生物教学中，一定会发现使用生物标本能提高听课的注意力。大量的生物教学实践证明：老师在课堂上出示生物标本要比大声疾呼"注意"、"注意"有效得多。为什么？因为人的知觉不是一架录像机——有像就能录下来，而是有选择性的。当外界事物引起大脑的兴趣时，其注意力集中在大脑的相应区域，称为优势兴奋灶，也就是平常所说的注意力集中点，处于这种优势兴奋的区域的反应能力最好，注意力最集中，条件反射易于形成，所以学习效率也最高。

因此，同学们不仅要依靠老师的教学方法提高对生物学习的兴趣，也要通过自身发掘找到对生物学习的兴趣，而积极主动学习生物标本的制作就是同学们激发学习兴趣的有效方法之一。

通过采集标本，同学们可以识别各种生物，了解它们的生活环境和生活状况，使课堂上学到的知识得以巩固和扩展。回到学校后，亲手制作出的标本拿到课堂上去演示，能极大地吸引听课的注意力，调动学习的主动性和自觉性。

培养观察能力和动手能力

亲自采集和制作生物标本能培养同学们的观察能力和动手能力，还能明确科学概念。

一切科学上的新发现、新成果的取得，都是建立在周密、精确观察的基础上的。巴甫洛夫一直把"观察、观察、再观察"作为座右铭，并告诫同学们："不会观察，你就永远当不了科学家。"英国著名的细菌学家弗莱明也说过："我的唯一功劳是没有忽视观察"。可见，观察是一切知识的门户；在人类认识和改造世界的各个领域中，它起着极其重要的作用。

观察是知觉的特殊形式，它是有预定目的、有计划的、主动的知觉过程。观察比一般知觉有更深的理解性，思维在其中起着重要的作用。观察力是智力结构中的一个组成部分，培养观察力是同学们自我提高的一项重要任务。

采集和制作标本不是机械地重复某一种动作，它要求采集制作者有敏锐的观察力、正确的方法、完整的思路和灵巧的动手能力。

同学们学习制作生物标本，首先要进入大自然，下一步就是要对大自然及生物体进行观察，包括观察生物的生态环境、生活习性、生物体本身的形态结构以及每一种生物的生活史等，在这个过程中能够提高同学们的观察能力。例如采集蛙卵标本时，不仅要知道在什么样的环境中能找到蛙卵，还要弄清蛙卵与蟾蜍卵的区别。

标本采回来之后要制作标本，也需认真观察。例如，在制作鸟类剥制标本前，一项很重要的工作内容就是要仔细观察这只鸟的姿势和神态，包括它的眼睛、喙，后肢的颜色等，如果不能很好地把握这只鸟的形态和神态，做出的标本一点也不活灵活现，脱离原动物体主要特征的标本则不是一个合格的标本。

在一系列采集、制作标本的活动中，同学们亲自动手，这是锻炼动手能力的极好机会。比如在采集菜粉蝶标本时，如果不掌握采集要领，跟在菜粉蝶后面乱跑，急速翻网的方向又不对，那就很难采集到。

此外，在采集和制作标本时，同学们往往会遇到许多问题，带着这些问题去查找资料，阅读书籍、杂志、剪报等，将能进一步加深对生物科学概念的理解，并获得许多有

制作完成的植物标本

关的自然科学知识。

发展思维能力

通过亲自采集制作生物标本，可以加快同学们学习生物学知识的速度。因为人的感觉和知觉的速度取决于获得感性认识的速度，而反映同一知识内容的不同直观手段，会在感知速度上有很大差别，如果采用的方法得当，就能迅速地理解他们应当看清的一切，学习速度就会相应加快。例如，在学习蝗虫口器的知识时，随着教师的讲解，如果同学们的手中有一份蝗虫口器的标本，就能够很快知道哪是上唇、下唇，哪是上颚、下颚及舌，等等。同时，理解知识的速度也会加快，例如，在讲解裸子植物的特征时，观察裸子植物标本能够把抽象的概念具体化，很快理解所学的知识。

此外，生物标本还可以帮助同学们把分次理解了的知识进行类比、分析与综合，得到新的理解。例如，在动物学学习中，如果结合动物形态的标本、解剖标本，比较脊椎动物各纲的构造和功能，包括体表、脑、呼吸器官、循环系统、运动器官和生殖器官等，同学们就能很快理解动物的进化是由水生到陆生，由简单到复杂，由低级到高级的这一结论。

所以，学习生物标本的采集、观察与制作既能加快学生认知事物的速度，又能发展学生的思维能力。

训练生物学基本技能

在中小学时期掌握生物学基本技能是生物学学习的一项重要任务。我们通常所说的技能是指在一定条件下，选择和运用正确的方法，顺利完成某种任务的一种活动方式或心智活动方式。生物学基本技能主要包括 3 个方面的内容：

1. 使用观察实验器具和仪器的操作技能。

2. 搜集、培养和处理观察实验材料的动作技能，其中又包括制作涂片、装片和徒手切片的技能，采集动植物并制成标本的技能和培养、解剖动植物的技能。

3. 观察和实验的心智技能和动作技能。

生物学基本技能的训练要和生物学基础知识的学习结合在一起进行。技能的训练要有明确的目的，而且练习的方式要多样化，保证质量，知道结果。采集和制作生物标本恰恰有助于生物学基本技能的培养。

随着科学技术的迅猛发展，同学们掌握能力比学习知识更重要，因为能力是自我获得知识的手段和源泉。生物学能力是以思维为核心，把生物学基础知识和基本技能结合起来，去分析新问题和解决新问题的一种思考和行动的综合能力。

生物学能力使同学们在学校里能更快地获得知识，走上工作岗位后能不断获得新知识并圆满地解决科学、生产和生活中的问题，有些还可能有创造发明等。因此，生物学能力的培养是不可忽视的。

培养生物学能力有多种途径，其中采集和制作生物标本是重要途径之一，因为这一活动涉及的知识面很广，而且非常结合实际，所以难度比较大，培养出来的能力水平也就高一些。有些生物标本的采集和制作还具有科学研究的性质，有的就是科学研究的初级题目。例如，有些标本的采集和制作要经过反复实验和观察，最后才能做出来，这就是科学研究的雏形。

知识点

菜粉蝶

菜粉蝶又称菜青虫，属鳞翅目，粉蝶科。全国各地均有发现。

菜粉蝶体型中等，体长 15～19 毫米，翅展 35～55 毫米。有雌雄二型，更有季节二型的现象。随着生活环境的不同而其色泽有深有浅，斑纹有大有小，通常在高温下生长的个体，翅面上的黑斑色深显著而翅里的黄鳞色泽鲜艳；反之在低温条件下发育成长的个体则黑鳞少而斑形小，或完全消失。

菜青虫是菜粉蝶的幼虫。幼虫体长约 2.8～3.5 厘米，全身青绿色，体表布满绒毛，小背部有 1 条黄细线，两侧具有小黄点。刚孵出的幼虫先啃食卵壳，再嚼食菜叶，食量很大。往往在幼嫩叶背处为害，颜色往往与菜色一致，要仔细辨认。

菜粉蝶的寄主有油菜、甘蓝、花椰菜、白菜、萝卜等十字花科蔬菜，尤其偏嗜含有芥子油糖苷、叶表光滑无毛的甘蓝和花椰菜。它出来活动较早，在北方早春见到的第一只蝴蝶常常是菜粉蝶。它在绿色植物丛中

飞舞,时而会停下来,看看脚下的植物是否适合于产卵。昆虫家发现,吸引菜粉蝶产卵的主要物质是十字花科植物中的芥子油。因此,把芥子油喷在其他植物上,菜粉蝶也会前去产卵。这是昆虫与植物间在长期进化过程中所产生的化学信号联系。

菜粉虫的幼虫属杂食性,主要取食十字花科植物。由于我们所食用的许多蔬菜如大白菜、包心菜、萝卜、菜花等十字花科植物,菜粉蝶与人类争食相当激烈,有时可使种的蔬菜毫无收获,因而它成为世界知名的农业害虫。

延伸阅读

生物学实验

生物学中的实验,是指人为地干预、控制所研究的对象,并通过这种干预和控制所造成的效应来研究对象的某种属性。实验的方法是自然科学研究中最重要的方法之一。

17 世纪前后,生物学中出现了最早的一批生物学实验,如英国生理学家 W·哈维关于血液循环的实验,黑尔蒙特关于柳树生长的实验等。然而在那时,生物学的实验并没有发展起来,这是因为物理学、化学还没有为生物学实验准备好条件,活力论还占统治地位。很多人甚至认为,用实验的方法研究生物学只能起很小的作用。

到了 19 世纪,物理学、化学比较成熟了,生物学实验就有了坚实的基础,因而首先是生理学,然后是细菌学和生物化学相继成为明确的实验性的学科。19 世纪 80 年代,实验方法进一步被应用到了胚胎学、细胞学和遗传学等学科。到了 20 世纪 30 年代,除了古生物学等少数学科,大多数的生物学领域都因为应用了实验方法而取得新进展。

植物标本

植物是自然界中的一个大族群，为百谷草木等的总称。包含了如树木、灌木、藤类、青草、蕨类、地衣及绿藻等熟悉的生物。

人们为了详细地了解植物的特性，摸清植物的生活习性等特征，要采集、制作标本，目的是供教学、科研活动中使用。

采集、制作植物标本的过程中，又能给人带来许多意想不到的收获，能实际地观察该种植物的生活环境及生长特性。

换句话说，植物标本的采集、制作，是人们了解植物界的最有效的一种手段。

植物标本的采集与制作

植物标本对掌握有关植物学的基础知识、科研资料和科普宣传，以及为国家自然资源的开发、利用提供科学依据等具有重要价值。学会采集和制作植物标本是培养植物分类学实践能力和进行植物识别、分类的重要步骤，也是我们今后从事相关教学和科研工作的基本技能。通过植物标本采集不但能够掌握采集的方法，还能够实地观察、研究植物的形态、物候期、生态环境特点和分布规律等。

植物标本根据使用目的可分为以下 4 种：

整体标本

整体标本主要用来识别植物，鉴定学名，鉴别中草药。通常对某一地区进行植被调查也是使用这种标本。例如调查某个学校、山头的植物资源时，虽然高等植物的根、茎、叶等营养器官，是识别植物依据之一，但是常因生长环境不同而有所差异，而花、果具有较稳定的遗传性，最能反映植物的固有特性，是识别和鉴别植物的重要依据，所以采集标本时必须尽量采到根、茎、叶、花和果实俱全的标本。草本植物还应该挖起地下部分。从根系上可以鉴别出是一年生还是多年生的。而且地下部分除根茎外，往往还有变态根和变态茎，如荸荠、百合、菊芋、甘蓝、黄精、贝母、七叶一枝花等等。木本植物应采集有代表性的枝条，最好附有一小片树皮。孢子囊群的形状与排列、根状茎及其鳞片和毛被等是蕨类植物重要的分类特征，采集时要加以注意。整体标本常制成腊叶标本和原色浸渍标本。

解剖标本

解剖标本主要用于观察、研究植物某一器官的内部组织结构。如解剖洋葱的鳞茎，以观察基盘、幼芽、鳞叶、须根等结构。横剖黄瓜，以观察瓜类的侧膜胎座和种子着生位置；纵剖桃花，以观察花的各部位及其形态。采集这类标本只要选择健康的有代表性的某一器官即可，不必采集整个枝条。解剖标本通常制成防腐性的浸渍标本。

系统发育标本

制作系统发育标本是为了观察研究植物的生活史，即某一植物从种子萌发到生长发育、开花、结果各阶段的生长情况，常用于生物教学和引种栽培及科研方面。这类植物标本必须采集植物不同的生长发育阶段，如制作菜豆和玉米种子萌发过程的标本，就要采集它们胚的萌动、长出主根和幼芽、长出真叶等各阶段的标本。这类标本可制成腊叶标本，也可以制成浸渍标本。

比较标本

比较标本主要是比较不同植物的某一器官的异同。例如比较双子叶植物和单子叶植物种子形态就要采集油菜、大豆、黄瓜、番茄等成熟的果实，除去果皮，将种子晾干，还要采集小麦、水稻、玉米的果实晾干进行比较。比较各种形态的根可以采集直根系的棉花、须根系的水稻和小麦、球根的心里美萝卜、圆锥根的胡萝卜、圆柱根的萝卜、块根的甘薯、玉米及甘蔗的不定根，以及菟丝子、桑寄生的寄生根等。比较各种

向日葵

形态的茎可以采集直立茎的桃、榕树，缠绕茎的牵牛花、金银花，匍匐茎的草莓，攀缘茎的葡萄、葫芦、爬山虎，枝刺的山楂、皂角，肉质茎的仙人掌、昙花，球茎的荸荠、甘蓝，鳞茎的洋葱、大蒜等。比较各种形态的花冠可采集离瓣花的桃花，十字花冠的油菜、荠菜，蝶形花冠的大豆、紫檀、蚕豆，管状花的红花，舌状花的菊芋，以及单子叶的小麦花等。比较各种花序可以采集总状花序的白菜，穗状花序的车前，伞形花序的天竺葵，头状花序的向日葵等。比较各种形状的果实可采集核果的李、杏，浆果的柿、葡萄，梨果的苹果、鸭梨，荚果的豌豆、刺槐，角果的萝卜、大青，瘦果的向日葵，颖果的水稻、小麦，翅果的榆、槭等。比较标本可以制成腊叶标本，也可制成风干标本，而果实以原色浸渍标本效果更好。

知识点

鳞茎

　　鳞茎，某些种子植物，尤其是多年生单子叶植物的处于休眠阶段的变态茎。鳞茎包括较大且通常为球形的地下芽和伸出地面的短茎，膜质或肉质的叶互相重叠，从短茎上生出。洋葱即为熟知的鳞茎。鳞茎的肉质叶用以储存养料，可使植株于缺水时（如冬季或干旱时）休眠，当条

件有利时又恢复生机。某些植物鳞茎上的肉质叶实为扩大的叶基。鳞茎主要有两个类型，一个类型以洋葱为代表，肉质叶外覆以纸样的薄膜以资保护；另一个类型见于典型的百合科植物，贮藏叶裸露，无纸样薄膜覆盖，外观似由许多有棱角的鳞片构成。鳞茎大小各异，小的大如豌豆，大者如文珠兰的鳞茎，可重达7千克。

许多普通庭园花卉，如水仙、郁金香、风信子，具有鳞茎，故能于具备有利的生长条件时在早春即迅速开花（几乎表现为早熟）。另一些具鳞茎的植物，如百合，在夏天开花。而少数具鳞茎的植物，如草甸番红花，则在秋天开花。百合科和石蒜科尤多具鳞茎的种类。有几种具鳞茎的植物因其肉质叶味佳或营养丰富，对人类有重要的经济价值，例如洋葱及与其有亲缘关系的青葱、蒜、韭、葱等。某些鳞茎含有毒化合物，如海葱属植物的鳞茎可提取高效毒鼠药。

延伸阅读

植物种子

子叶是种子植物胚的组成部分之一，为贮藏养料或幼苗时期进行同化作用的器官。

在无胚乳的种子内，子叶特别肥厚，贮藏着大量的营养物质。在有胚乳的种子内，子叶不发达，但它可从胚乳中吸收养料，供胚发育需要，所以子叶在种子萌发成幼苗的初期，其作用是十分重要的。

子叶的数目因植物种类不同而异，裸子植物种子的子叶数目较多，有2片至多片，如银杏有2~3片，松树则多片。被子植物种子的子叶数目1~2片，如单子叶植物的种子内具1片子叶，而双子叶植物的种子内具2片子叶。禾本科植物种子内的子叶，又称为"内子叶"或"盾片"，其功能较为特殊，具有吸收和消化作用。兰科种子无子叶。

当一粒种子萌发的时候，首先要吸收水分。子叶或胚乳中的营养物质转运给胚根、胚芽、胚轴。随后，胚根发育，首先突破种皮，形成根。胚轴伸长，胚芽发育成茎和叶。

植物标本采集的准备工作

野外植物采集，最忌草率从事。草率从事不仅影响活动质量，而且很容易发生安全问题。因此，在活动开始以前，必须做好各种准备工作。

选择和确定采集地点

1. 选择和确定采集地点

采集地点的好坏，直接关系到采集活动的质量。选择和确定采集地点时，应遵循以下各项原则。

（1）有比较丰富的植物种类，最起码要具备常见的植物种类，否则就难以保证采集质量。

（2）要有发育良好的植被类型，如良好的森林、灌丛、草地和水生植物群落等。只有在发育良好的植被类型中，才会生长各种典型代表植物，从而才能使同学们容易理解植物与外界环境统一的原则，以及植物分布的规律性。

（3）交通要方便，采集地点比较安全。

2. 做好采集地点的调查工作

采集地点一旦确定，就要进行调查工作。调查应在临近采集活动开始前进行，其内容主要有以下几点。

（1）调查可供采集的植物种类及其分布区域。

（2）选择最佳采集路线和中途休息点。

（3）了解在采集中可能出现的各种不安全因素，并准备好一旦发生安全问题时的解决措施。

（4）熟悉从学校到采集地点的沿途交通情况。

准备图书资料

采集开始前应准备好以下图书资料，供采集时使用。

（1）本地区的植物志。

（2）采集地点的植物检索表（根据预查所得植物名录，由带队老师进行编写）。

（3）有关采集地点的地形图和地质、地貌、气候、土壤等资料。

学习植物采集方面知识

植物采集是一项知识性和技术性很强的科技活动，同学们一定要先学习有关的知识，有所了解和准备，主要有以下几点：

（1）种子植物形态学术语。

（2）植物检索表的组成及其使用方法。

（3）植物采集的方法和步骤。

（4）采集地点的植被类型、植物主要组成、地质、地貌、气候、土壤等知识。

提高安全意识

野外采集中存在着许多不安全的因素，诸如蛇咬、摔伤、迷路、溺水等。为了防止出现这些事故，出发前应学习学校有关安全教育的内容。

小组行动时，宣布一些必要的纪律，如采集过程中不准单独行动、不准捉蛇、不准下水游泳、必须穿着长袖上衣、长裤、高帮鞋和遮阳帽等。

知识点

地 质

地质泛指地球的性质和特征。主要是指地球的物质组成、结构、构造、发育历史等，包括地球的圈层分布、物理性质、化学性质、岩石性质、矿物成分、岩层和岩体的产出状态、接触关系，地球的构造发育史、生物进化史、气候变迁史，以及矿产资源的赋存状况和分布规律等。在中国，"地质"一词最早见于三国时魏国王弼（226—249）的《周易注·坤》，但当时属于哲学概念。1853 年（清咸丰三年）出版的《地理全书》中的"地质"一词是中国目前所能见到的最早具有科学意义的概念。一般有以下几种解释：

1. 地壳的成分和结构。

艾青的《鱼化石》诗：“过了多少亿年，地质勘察队员，在岩层里发现你，依然栩栩如生。”徐迟《地质之光》：“它在地质上也是相当破碎的，半岛、岛屿、岬角、港湾相间。”

2. 土地的形质，土壤的质地。

《易·坤》“六二，直方大”。三国魏王弼注：“居中得正，极于地质，任其自然而物自生。”孔颖达疏：“质谓形质。地之形质，直方又大，此六二居中得正是尽极地之体质也。”梁启超《论中国之将强》：“地质肥沃，物产繁衍。”

综合而言，地质的范畴是表示地球质地状况的一个综合性概念。

延伸阅读

种子特性

种子是一个处在休眠期的有生命的活体，种子休眠受内在或外在因素的限制，一时不能发芽或发芽困难的现象，是植物对外界条件长期形成的一种适应性。种子收获后在适宜发芽条件下由于未通过生理后熟阶段，暂时不能发芽的现象称为生理休眠；由于种子得不到发芽所需的外界条件，暂时不能发芽的现象称为强迫休眠。生理休眠的原因，一是胚尚未成熟；二是胚虽在形态上发育完全，但贮藏的物质还没有转变为胚发育所能利用的状态；三是胚的分化已完成，但胚细胞原生质出现孤离现象，在原生质外包有一层脂类物质，使透性降低。

上述 3 种情况均需经过种子自身的后熟作用才能萌发。另外还有两种情况：一是在果实、种皮或胚乳中存在抑制发芽的物质如氰酸、氮、植物碱、有机酸、乙醛等，阻碍胚的萌发；二是种皮太厚、太硬或有蜡质，透水、透气性能差，影响种子萌发，种子休眠在生产实践上有重要意义，常可应用植物激素，以及各种物理、化学方法来促进种子发芽。

种子是有寿命的，种子的寿命就是指种子的活力。即在一定环境条件下能保持的最长年限。各种药用植物种子的寿命差异很大，寿命短的只有几日或不超过去 1 年。种子寿命与贮藏条件有直接关系，适宜的贮藏条件可以延长种子的寿命。但是，生产上还是采用新鲜的种子，因隔年的种子发芽率均有降低。

植物标本采集的工具

为了能采集到完整的植物标本，使标本得到及时处理，并且回校后能立即制成标本，必须准备一套用品用具，这套用品用具包括采集工具、记录用品、防护和生活用具、标本制作工具等 4 类。

采集工具

（1）标本夹：标本夹既可供采集标本和又可供压制标本之用，是用木板条作成的长约 45 厘米，宽约 30 厘米的木制夹板。标本夹分为背夹和压夹两种。前者最好是装有尼龙搭扣和背带，以方便在野外采集时随时将标本压入标本夹中，防止采集的标本失水皱缩；后者适用于标本的集中压制，较为常用。

使用压夹时，为了简便和减轻携带负担，可以把标本夹缩小到一张吸水纸那么大（40 厘米 ×26 厘米），改用尼龙搭扣加压固定，这种形式的标本夹比一般标本夹轻便实用。

使用轻便型植物标本夹时，底板朝下，把吸水纸垫在底板上，放好标本后，再把盖板压在最上层的吸水纸上，然后用力把盖板上的尼龙搭扣紧扣在底板的搭扣上就可以了。

（2）树枝剪：树枝剪是用来剪断植物枝条的工具，常见的有两种，一种是剪取乔、灌木枝条或有刺植物的手剪，另一种是刀口比较长大的长柄修枝剪，称为高枝剪。高枝剪的剪柄上另安有一根长木把和一条绳子，把刀口对准剪取部位，然后拉动绳子，即可剪取较高的树枝。

（3）采集箱：采集箱是一种用来装那些不能放入标本夹的植物标本（如木质根、茎或果实等）的背箱，也适于遇雨时使用，一般用马口铁制成，长40 厘米，宽 20 厘米，深 20 厘米，缺点是比较笨重，也可以用大塑料袋代替采集箱。

（4）采集袋：用人造革、帆布或尼龙绸制成，用于盛取标本和小型采集用品用具，其体积可为 44 厘米×39 厘米×15 厘米。

（5）小锄头（采集杖）：用以挖掘植物的根、鳞茎、球茎、根状茎等地下部分，或石缝中的植物。

（6）小手锯：用来采集木材标本，或锯树枝之用。

（7）手持放大镜：用于在野外采集标本时，观察植物特征之用。

（8）米尺：用于测量长度。

（9）掘铲：用于挖掘一般草本植物。

（10）树皮刀：可以折叠，用于割取树皮。

（11）望远镜：用来瞭望远处的地形和植物种类。

（12）高度计（即海拔仪）：用于了解采集地点的海拔高度。

（13）指南针：用来指示采集路途的方向。

（14）纸袋：用牛皮纸制成，长约 10 厘米，宽约 7 厘米，用于盛取种子以及标本上脱落下来的花、果和叶。

（15）小塑料袋：长约 15 厘米，宽约 10 厘米，用来盛鳞茎、块根等。

记录用品

（1）采集记录表和铅笔：在野外采集时，用于记录植物的产地、生境、特征等各种应记事项。为了使记录工作迅速准确，可事先按上列格式印刷，并装订成册，供野外采集时用。采集记录册中每一页记录一号植物（不同地点采集的同一种植物，要按不同号记录）。

（2）标本号牌：用白色硬纸做成，长宽各 3 厘米左右，系以白线，挂在每个标本上，用于在野外时填写采集人、采集号、采集地等信息。

（3）钢卷尺：用来测量植物的高度、胸高直径等。

防护及生活用具

（1）护腿：用厚帆布制成，用于防蛇咬伤。

（2）蛇药：用来治疗毒蛇咬伤。

（3）简易药箱：内装治疗外伤、中暑、感冒等医药用品。

（4）长袖上衣、长裤、高帮鞋和遮阳帽，这样的穿着是为了尽可能避免扎伤和咬伤。

（5）水壶及必要食品。

标本制作器具

（1）吸水纸。吸水纸是在压制标本时起吸收植物水分的作用，各种纸张均可，但以吸水性强的麻皱纹纸为佳，也可以选用绵软易吸水的纸，通常是市售的富阳纸，某些较细的草纸和报纸也可以代用。

（2）镊子：用于压制标本时的标本整形。

（3）直刀（刻纸刀）：用于标本上台纸时切开台纸。

（4）台纸：为8开的白版纸或道林纸，用来承载标本。

（5）盖纸：为8开的片页纸、薄牛皮纸、拷贝纸等纸张，不一定要透明，用来盖在台纸的标本上，保护标本。

（6）2～3毫米宽的白纸条、白线、针、胶水：用来固定台纸上的标本。

（7）野外记录复写单：其内容和大小跟野外记录册完全一样，但不装订成册，用来安放在台纸的左上角。

（8）标本签：用于安放在标本的右下角。

（9）消毒箱：木制，用于标本杀虫，密闭性能要好，体积大小不限，一般要能容纳几十份腊叶标本，箱内距底部以上约5厘米处，按水平方向，放置带木框的铁纱，将消毒箱分成上下两部分，上面的空间放置待消毒的标本，下面的空间放置四氯化碳。

（10）四氯化碳和玻璃皿：用于标本消毒。

标本制作须在返校后进行，所以标本制作的器具无须带到采集点。

知识点

人造革

一类外观、手感似皮革（见革）并可代替其使用的塑料制品。通常以织物为底基，涂覆由合成树脂添加各种塑料添加剂制成的配混料制成（见增塑糊加工）。

在我国，人们习惯将用PVC树脂为原料生产的人造革称为PVC人造革（简称人造革）；用PU树脂为原料生产的人造革称为PU人造革（简称PU革）；用PU树脂与无纺布为原料生产的人造革称为PU合成革（简

称合成革)。

一种类似皮革的塑料制品。通常以织物为底基，在其上涂布或贴覆一层树脂混合物，然后加热使之塑化，并经滚压压平或压花，即得产品。近似于天然皮革，具有柔软、耐磨等特点。根据覆盖物的种类不同，有聚氯乙烯人造革（PVC），聚氨酯人造革（PU）等。几乎可以在任何使用皮革的场合取而代之，用于制作日用品及工业用品。根据覆盖层发泡与否，又分泡沫人造革和变通人造革。按照用途有鞋用人造革、箱包用人造革等。

延伸阅读

鄂伦春人的采集历史

鄂伦春是中国的一个少数民族。鄂伦春族还保留着原始公社的残余。过去鄂伦春人也大量采集野菜和野果。采集最多的野菜是"昆毕"（柳蒿菜），采来晒干，以备冬季食用。可以用柳蒿菜烤野兽肉，缺乏食物时也可熬柳蒿菜充饥。还大量采集野果，其中采集较多的有稠李子，可以用它和米放在一起熬粥。采集的榛子、松子很多，以备缺乏食物时食用。

清中叶以后，鄂伦春族和周围农业民族接触多起来，他们用猎品换取一部分粮食。用粮食做粥、干饭，也用面粉做面片、炒面。还把和好的面做成圈或饼在火上烧烤。

鄂伦春族的饮料种类不多，夏天喝泉水，冬天化雪水喝；茶叶输入前，有些人泡小黄芩叶当茶喝，后来砖茶输入进来，主要是喝砖茶。夏天也用桦树汁解渴。还用马奶制酒饮用。白酒输入后，主要饮用白酒。

鄂伦春人主要吸旱烟叶，男女均有吸烟者。纸烟是较后输入的，一直不普遍。新中国成立以后，鄂伦春族的食物结构发生了很大变化。由于由猎业转向发展多种经营，粮食类食物已成为主要食品，兽肉成为副食了。就是获得了狍肉之类，除传统吃法外，还能用它进行炒、熘、烤等，制作得比过去精细多了。

植物标本采集的原则

野外采集是有目的、有计划的行为，为了保证得到合格的植物标本，野外采集植物标本应遵循以下原则。

确定采集对象

在植物生物学野外实习中，环境中的各种植物都是标本采集的对象。一般来说，不同的植物类群具有不同的生长习性和形态特点，虽然植物体每一部分的形态特点都包含有重要的信息，但花和果实却是大部分植物类群分类的最重要的依据。因此，在采集标本时，应该尽量选择具有花或果实的植株为对象。

对于植株较大的植物来讲，在采集植物标本时，不可能采集整个植株，而只能采集植物体的一部分。为使整个植株的形态、大小和其他特征在采集的标本上得到最真实的反映，在采集标本时，必须通过观察，首先确定采集植株的哪部分才有代表性。

在不同的环境条件下，生长着不同的植物，必须随时注意观察，尽量采集。同时，在相同或不同的生境下生活的同一种植物可能会表现出不同的特点。因此，必须观察、了解采集地的环境，并注意观察植物变异的规律，才能采集到具有尽可能多的信息的植物标本。

重温基础知识

采集前须先对采集计划中所列的采集对象进行较系统的了解和分析。如以"科"为重点，或横向以药用植物为重点，较充分地掌握必要的基础知识，包括分类特征、分布特点以及生活习性等，先有个概略的轮廓，以便下一步识别选采。

仔细观察，尽量采集

到了采集现场，不要急于动手采集，先仔细观察一下情况，如采集地区的地势、地貌、植被、群落分布等宏观概况，然后再确定采集路线和采集方法。另外，还要向当地群众请教，了解区域性的自然特点和植物生长、分布等情况，供作采集活动的参考。

初学者采集标本时，常常把注意力放在花朵鲜艳的植物种类上，因为这类植物容易引起人们的注意，也容易为人们所喜爱。但是，植物采集不是游山玩水，是一项严肃的科学活动。要知道，一种花朵不鲜艳、体态不好看的植物（例如禾本科植物），它的理论意义和经济价值，可能比另一种花朵鲜艳的种类大得多，所以在采集过程中，不管好看的还是不好看的，常见的还是罕见的，大型的还是小型的，都要采集。要采集所遇到的各种植物。这就要求每个成员都必须仔细观察，不能马虎，更不能凭个人的喜好随意取舍。

野外采集现场

还有，野外采集对同学们来说也是检验和提高观察能力的一次难得机会。在采集过程中，只要仔细观察，尽力搜寻，不仅可以采集到更多的植物种类，而且也可以从中培养自己敏锐的观察能力。

要采集完整并且正常的标本

什么是完整的标本？对木本植物来说，必须是具有茎、叶、花、果的标本；对草本植物来说，除了茎、叶、花、果以外，还应该具有根以及变态茎、变态根。

上述的根、茎、叶、花、果5类器官中，以花果最为重要。因为花果的形态特征是种子植物分类的主要依据，只有营养器官没有花果的标本，科学价值很小，甚至没有科学价值。由于许多植物的花果不可能同时存在，采集这类植物时，花果二者只要有一项，就算是完整的标本。

正常的标本是指所采到的标本体态正常。我们在采集过程中，常常会遇到一些体态不正常的植株，例如：由于昆虫和真菌的为害，有的植株茎叶残缺、皱缩、疯长以及产生虫瘿等现象，这些不正常的体态，都会给识别和鉴定工作带来困难，只要有挑选的余地，就尽量不采这样的标本。

采集标本的大小和份数

野外采集的植物标本，主要用来制作腊叶标本，因此，标本的大小取决于台纸的大小。同学们制作腊叶标本用的台纸，通常是 8 开的白版纸或道林纸，其大小为 38 厘米×27 厘米，所以标本的大小以不超过 35 厘米×25 厘米为适度。采集木本植物时，可按照这一尺寸剪取枝条，草本植物虽然要采集全株，但一般不会超过 35 厘米×25 厘米，如果超过 35 厘米×25 厘米的范围，对高大草本植株，则可分别剪取其上、中、下 3 段作为标本。

每种植物标本在可能条件下要采 3～5 份，以供应用及与有关单位进行交换。在采集标本的同时，应采集一些花和果实，放入广口瓶中浸泡，留待返校后进行解剖观察。

对于要制成其他种类标本的植物，可根据实际情况，自行确定。

采集及时妥善处理

采下的标本要及时加上标签、编号登记在采集记录本上，然后略加整理，即放入标本夹或采集箱内，待返回后加工。

注意安全作业

在野外采集标本一定要注意安全，遵守山林保护守则。悬崖、山坡以及高大林木等，除有专门防护设备的专业考察采集外，一般都不要冒险攀登。此外，要注意防火，注意草丛、林间的蛇、兽。

知识点

营养器官

植物的器官可分为营养器官及生殖器官。营养器官通常指植物的根、茎、叶等器官，而生殖器官则为花、果实、种子等。营养器官的基本功能是维持植物生命，这些功用包括光合作用等。但在某些状况之下，可能有无性生殖，也就是说，这些营养器官可能成为繁衍的亲本，由这些器官生长出新的个体。

延伸阅读

采集经济

是人类历史上，最早最原始的一种经济形态，其基本特征是：早期原始人类以群为单位，分散活动于亚洲和非洲的亚热带山地疏林中，从事采集经济活动。他们使用木棒为主的天然工具，自由经营、自由劳动、自取所需，实行物质资料共有制。人与人之间完全平等、自由，不存在管理与被管理的关系，更谈不上阶级差别与阶级压迫。两性关系也完全自由，不存在任何社会规范约束。这是一个十分松散、尚未分化的原始人群。

在野外采集植物标本

制作植物标本的主要要求是典型和完整。而想要制成典型、完整的植物标本，又必须立足于标本的采集，采集不当，将很难达到上述要求，更无法提高到科学、精确、美观的境界，由此可见，植物标本的采集，在提供进一步加工制成合格的标本方面有着重要的作用。

草本植物标本的采集方法

采集草本植物通常是选择典型、完整的进行全株挖取。扎根较浅、土壤疏松时，可用手提、手拔；根系较深、土质较硬时，不可轻易拔取，要用小铁铲在根部周围松土浅挖，顺势将植株提出；有的还要用小铁锹深挖，扩大挖掘面，待露出主根后再设法取出，以防折断主根。所谓典型，是指所采的标本要具有明显的分类特征，在同种植物中有较强的代表性。所谓完整，是指整株标本的根、茎、叶、花、果俱全，并基本完好无损。由于植物的生长发育阶段不同，遇到尚未开花、结果时，可先采下植株，留下标记，记下采集地点，等到花、果期再来补采配齐。每种植物标本一般采集3~5份，以后要用于教学的标本以及珍稀、奇异或有重大经济价值的植物，可酌量多采几份。

寄生植物如菟丝子、桑寄生等，采集时要把它们的寄主植物也采下一些，

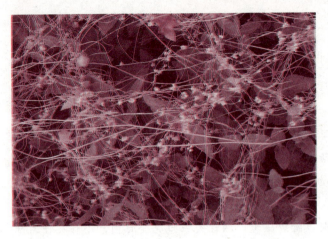

菟丝子

两种标本放在一起，并注明它们之间的关系。有些植株上的部分结构是分类鉴定时的重要依据，则应尽量选取采齐，如十字花科、伞形科、槭树科、紫草科植物的果实，沙参属、益母草属及伞形科的基部和茎上的叶片，兰科、杜鹃属等植物的花，百合科、兰科、薯蓣科、天南星科、石蒜科、莎草科、茄科、旋花科、桔梗科等某些植物的地下部分（球茎、块根、鳞茎、块茎、圆锥根），以及鸢尾科、蕨类植物的根状茎等，都是分类上的重要依据，有匍匐茎的植物应和新生的植株一并采下。

木本植物标本的采集方法

木本植物包括乔木、灌木以及木质藤本植物。采集木本植物应注意以下3个问题：

1. 木本植物树皮中的韧皮纤维大多很发达，采集时应该用枝剪或高枝剪只剪取局部茎叶、枝条、花和果实，不要用手去折，否则会撕掉部分树皮，不但影响标本的美观，而且还可能影响标本的质量。

2. 有些木本植物，开花在发叶之前，例如杨、柳、榛、榆、金缕梅、木棉等，对这样的植物种类，应分春夏两次采集，而且第二次采集时，应该在春天采过花枝的那株乔灌木上采集枝叶，这就必须在树上挂一个跟花枝标本号码相同的号牌，必要时，还可在记录册上确切记明该树所在的位置，以免弄错。

3. 有些乔木类植物的部分结构是分类的重要依据，如皂角属、杨树属植物主干或枝上的棘刺，要注意同时采下，如果是药用植物，则需采下该植物的一小块树皮或一小部分根。

水生植物标本的采集方法

水生植物，如金鱼藻、狐尾藻、眼子菜和浮萍等，植株纤细，把它们从水中取出后，枝叶会互相粘在一起，以至很难进行压制，对待这样的标本，在压入标本夹以前，要先将它们放入盛有清水的水盆内，使标本的各部分展开，然后用一张干净的16开或32开的道林纸放入水中标本的下方，缓缓向上将标本托出水外，使标本展开在道林纸上，最后，将标本连同道林纸一起压入标本夹中（将来压制时，也可以使标本与道林纸一起更换吸水纸）。

寄生植物标本的采集方法

种子植物中有些种类寄生在其他植物体上，叫寄生植物，如列当、菟丝子、锁阳、槲寄生、檀香、百蕊草等，这些植物跟它们的寄主有密切关系，应连同寄主一起采集和压制标本。特别是那些用寄生根寄生在寄主根上的种类（如列当）在采集时，应小心地将二者的根一起挖出，并尽量保持二者根的联系，以利于鉴定工作的进行。

大型植物标本的采集方法

有些植物如椶木、棕榈、芭蕉等，叶和花序都非常大，采集这样的植物标本，可用以下方法进行。

1. 如果标本的叶片大小超过了台纸，但仅超过一倍长度时，可以不剪掉那部分，只须将全叶反复折叠，并在折叠处垫好吸水纸放入标本夹内进行压制。

2. 如果是比上述叶更大的单叶，则可将1片叶剪成2～3段，分别压制，分别制成腊叶标本，但在每段上要栓一个注有 A、B、C 字样的同一号码的号牌。

3. 如果叶的宽度太大，则可沿中脉剪去叶的一半，但不可剪去叶

檀 香

尖。如果是羽状裂片或羽状复叶，在将叶轴一侧的裂片或小叶剪去时，要留下裂片和小叶的基部，以便表明它们着生的位置。还有，顶端裂片或小叶不能剪掉。

4. 如果是两回以上的巨大羽裂或复叶，则可只取其中 1 个裂片或小叶进行压制，但同时要压制顶端裂片和小叶。

5. 对于巨大的花序，可取其中一小段作为标本。大型植物的标本，由于只选取了叶和花序的一部分，野外记录就显得更为重要，必须详细记录，如叶片形状、长宽度、裂片或小叶数目、叶柄长度、花序着生位置、花序大小等，均应加以记录。

植物种子标本的采集方法

对于种子植物来说，除采用插条繁育等方法外，最重要的是用种子来播种育苗。为使播种的种子质量好、发芽率高、苗势健壮，留存好的植物种子就很有必要。因此，采集种子的方法一定要得当，应该保质保量地认真采集。采集植物种子的方法，主要包括以下几点：

1. 选择母树

采集植物的种子，跟一般考察采集不同。首先要根据目的种子植物选择好母树。所谓"优树结良种，良种长好苗"。采集植物种子，要在优良的母树上采集，要选择生长势良好，壮龄、无病虫害的母株做为选采对象。

2. 适时采集

要根据种子成熟和脱落的特点，适时采集成熟种子。"成熟"包括"生理成熟"和"形态成熟"。种子发育到一定时期，内部的营养物质积累到相当程度，种胚已具有发芽能力，是为"生理成熟"。但仅有生理成熟还不够，因为这时的种子含水分较多，种皮松软不坚，对外界的抗逆能力较弱，不易贮藏而影响其成活率，需要等待种子外部形态成熟时才可采集。种子的"形态成熟"，可根据其外部颜色、形状等来确定，如颜色由浅变深，种子含水量少，种皮致密而较坚硬，形态成熟的种子抗逆性比较强，易于加工贮藏。

大多数种子植物是先生理成熟，而后形态成熟。但也有少数种子植物，如银杏，则是先形态成熟，再达到生理成熟，这样的种子，在采收后要等一段时间，待其生理成熟时才具有发芽力。这种现象叫"生理后熟"。

有些种子植物完全成熟后会自行脱落，有些种子植物即使完全成熟也仍宿存在树上，为此，采集种子时要注意其种子完全成熟后的脱落方式。例如，杨、柳、榆、桦、杉、落叶松、泡桐等植物的种子，成熟后常随风飘散，这就要求在完全成熟后和开始脱落前适时采集；核桃、板栗、油桐等植物的种子，粒型较大，成熟后即行脱落，一般可以等它们自行脱落或以震击等方法使它们落下地面后收集；松柏、女贞、乌柏、樟、楠等肉质果实，成熟后色泽鲜艳，易引鸟啄食，需及时采收；油松、侧柏、国槐、刺槐、紫穗槐、白蜡、苦楝等、植物的种子成熟后仍长期富存在树上，虽然可以延期采集，但仍以适时采收为宜，以免日晒，雨淋、鸟食、日久影响种子质量，甚至散失。

3. 操作要点

在只采优种、不采劣种的前提下，可以使用不同的工具采集林木的种子。常用工具有高枝剪、采摘刀、采种钩、采种镰，以及各种兜网，塑料薄膜等。有的专业采集备有软梯；林场采种作业可能还配备汽车升降机等。

侧柏

采集种子植物应在晴天进行，雨天或雨后地面及树枝湿滑，操作不便，易出事故，再说雨淋后种实较湿，采下后容易发热霉烂。

采集时凡是能够用手采到的，一般不用工具；较高的可用高枝剪、采摘刀、采种钩、采种镰等采取。一般学校组织的林间采种，需有辅导教师指导。野外采种要注意远离电线（尤其是高压线），尽量不要搭梯、攀树，以免发生事故。

为了收集落在地面上的种实，采集前要把母树周围丛生的杂草等适当清除，树下的枯枝、落叶、碎石等也需清理，还可以在地面铺上布幕或塑料薄膜，便于收集落下的种实。

收集种子时，防止泥沙、土粒混入，并随手剔除予瘪、霉腐、虫蛀的种子。

采到的种子要按种子植物分别装进筐篓或麻袋中运回，每袋容量不宜过

多，以免发热生霉。运回的种子应立即从袋（或筐篓）中倒出，薄薄地平铺在晒场上或凉棚下，并注意保持良好的通风。

标本的编号

采好的植物标本一定要及时编号，编号的方法是在号牌上写上号码，然后将号牌拴在标本的中部，号码要用铅笔写，以免遇水退色。

标本编号时应注意以下几个问题。

1. 在同一时间、同一地点采集的同一种植物，不管多少份，都编同一号。同一时间不同地点或不同时间同一地点采的同一种植物，都应编不同号。

2. 雌雄异株的植物，其雌株和雄株应编不同号。

3. 剪成 3 段的草本植物标本，应分别拴上同号的号牌，以免遗漏。

4. 盛装种子花果等标本的纸袋，也应放入号牌，其号码应和该植物标本的号码相同。

标本的记录

标本在野外进行记录是一项非常重要的工作，因为一份标本，当我们日后对它进行研究时，它已经脱离了原来的环境，失去了生活时新鲜状态，特别是木本植物标本，仅仅是整株植物体上极小的一部分。根据标本的这些特点，如果采集时不作记录，植物标本就会失去科学价值，成为一段毫无意义的枯枝。因此，必须对标本本身无法表达的植物特征进行记录，记录越详细越准确，标本的科学价值就越大。所以对记录工作要一丝不苟，认真对待，即使因采集而身体劳累，也要坚持作好记录。

记录应尽量在采集现场进行，作到随采随记，如果时间紧或有别的原因不能当时记录，也不要迟于当天晚上。

各项记录项目的填写方法如下：

采集号：一定要跟标本号牌上的号码相同。

采集日期：采集的实际日期，跟标本号牌上的日期相同。

产地：要写明行政区划名称以及山河名称等。

海拔：本项记录很重要，因为每种植物都有自己分布的海拔高度范围，如果没有海拔计，可在事后向有关单位询问后补上。

产地情况：是指植物生长的场所，如林下、灌丛、水边、路旁、水中、平地、丘陵、山坡、山顶、山谷等。

习性：是指直立茎、匍匐茎、缠绕茎、攀援茎等类型。

植株高：指用高度计测量出植株的高度。

胸径：是指乔木种子植物的主干从地面往上到 1.3 米处的直径（此处相当一般人胸的高度，故名）。

花期：指开花的时间。

果期：指结果的时间。

树皮：记录树皮的颜色及开裂状态。

芽：记录芽的有无及位置等。

叶：主要记录毛的类型及有无，有无乳汁和有色浆液，有无特殊气味等。至于叶形、叶序，标本本身展现得很清楚，不必记录。

花：主要记录花的颜色、气味、自然位置（上举、下垂、斜向）等。至于花序类型，花的结构，花内各部分的数目，则不必记录。

果：主要记录颜色和类型（尤其是小型浆果和核果在干后彼此不易区分，必须将类型记录清楚）。

木材：主要指乔木、灌木、草本等。

科名、学名、中名：如果当时难以确定，可以在以后补记。

标本的临时装压

植物标本编号记录以后，要及时进行初步整理并放入标本夹。入夹前先将植株上的浮尘污物抖下或用湿布轻轻拭去，粘连在根部的泥土也要去净。然后摘除破败的叶片等，略做清理，再在标本夹的底板上铺垫 5 张吸水纸，把标本平放在吸水纸上，舒展枝叶，使叶片有正面也有反面。接着在标本上垫吸水纸 8 张，以后随放随垫。垫纸时要注意垫实垫平，上下层的植株根部要颠倒着放，以保持标本夹的压力均衡。

根部较粗、果实较大的标本放进标本夹加压时容易出现空隙，使部分枝叶受不到压力而卷缩皱褶，这时可用吸水纸将空隙填满垫平，再盖上盖板，加压扣紧，继续另采。

上面讲的是高度一般不超过 40 厘米的草本植物的处理方法。如植株较高，可将植物茎折曲成 N 或 W 形压放，高秆植物可先取下顶部的花，再截取根部和部分带 1～2 片叶的茎，如此分做 3 段制成标本。截取前要先量下整株的高度，以供鉴定参考。

由于时间很紧，标本又很坚挺，向标本夹内放置标本时，不必讲求标本

的整形，标本整形工作可留待正式压制时进行。

寄生植物

　　寄生植物不含叶绿素或只含很少、不能自制养分的植物，约占世界上全部植物种类的1/10。这类植物当中，一类是腐生植物，主要为细菌和真菌。它们以死亡的或正在分解的生物或在附近生长植物的死亡部分作为养分来源。

　　水晶兰就是很少几种开花的腐生植物之一。透明的水晶兰繁茂地生长在被分解的树叶上，真菌包围着它的根，并以消化森林中的枯枝落叶得来的养分供应它。

　　与这些腐生者相反的是许多寄生植物，它们只以活的有机体为食，从绿色的植物取得其所需的全部或大部分养分和水分。而使寄主植物逐渐枯竭死亡。它们是致命的依赖者，植物界的寄生虫。

草本植物与草质茎

　　草本植物和木本植物最显著的区别在于它们茎的结构，草本植物的茎为"草质茎"，茎中密布很多相对细小的维管束，充斥维管束之间的是大量的薄壁细胞，在茎的最外层是坚韧的机械组织。

　　草本植物的维管束也与木本植物不同，维管束中的木质部分布在外侧而韧皮部则分布在内侧，这是与木本植物完全相反的，另外草本植物的维管束不具有形成层，不能不断生长，因而树会逐年变粗而草和竹子就没有这样的本领。

　　相比于木质茎，草质茎是更进化的特征。

植物标本的制作方法

制作植物标本的方法很多，总的来说可分为浸制与干制两大类。

植物标本液浸法

用液浸法保存植物标本，关键在于保色、防腐。植物标本浸液有以下几种：

1. 普通标本浸液

用福尔马林50毫升、酒精300毫升，加蒸馏水2 000毫升配制而成。这种浸液可使植物标本不腐烂、不变形，但不能保色。

2. 绿色标本浸液

配方一：硫酸铜5克，水95毫升。

这种保存液适用于绿色植物和一切植物绿色部分的保存。植物放入硫酸铜液后，由绿变黄，再由黄变绿。这时取出材料，用清水漂洗干净，浸在5%福尔马林液内长期保存。

配方二：硫酸铜0.2克，95%酒精50毫升，福尔马林10毫升，冰醋酸5毫升，水35毫升。先把硫酸铜溶于水中，然后加入配方中的其他组分。绿色标本能长期贮存在该液中。

配方三：醋酸铜15~30克，50%醋酸100毫升。

在50%醋酸中逐渐加入醋酸铜，直到饱和。适用时取原液1份，加水4份，即成稀释的硫酸铜溶液。这种保存液适用于表面有蜡质、硅质、质地较硬的绿色植物保色。加热稀释到醋酸铜溶液，放入植物，轻轻翻动，到植物由绿转黄再转绿色时取出植物，用清水漂洗后，浸入5%福尔马林液内保存。

3. 黑紫色标本浸液

福尔马林500毫升，饱和氯化钠溶液1 000毫升，再加蒸馏水8 500毫升，待静止后将沉淀滤出，即可做浸液保存黑、紫及紫红色植物标本，如保存黑色、紫色、紫红色葡萄等标本效果较好。

另一种方法是用福尔马林 10 毫升，饱和盐水 20 毫升和蒸馏水 175 毫升混合而成的浸液，经试用对紫色葡萄标本有良好的保色效果。

4. 白色或黄色标本浸液

用饱和亚硫酸 500 毫升、95% 酒精 500 毫升和蒸馏水 4 000 毫升配成溶液，此液有一定的漂白作用，液浸后标本较原色稍浅一些，但增加了标本的美感，用以浸制梨的果实标本效果较好。

5. 红色标本浸液

配方一：甲液——硼酸 3 克，福尔马林 4 毫升，水 400 毫升；乙液——亚硫酸 2 毫升，硼酸 10 克，水 488 毫升。

把红色的果实浸在甲液里 1~3 天，等果实由红色转深棕色时取出，移到乙液里保存，同时在果实内注入少量乙液。

配方二：氯化锌 2 份，福尔马林 1 份，甘油 1 份，水 40 份。

先把氯化锌溶解在水里，然后加入配方中其他组分。溶液如果浑浊而有沉淀，应过滤后使用。红色果实能在此液中保存。

植物标本干制法

浸制的瓶装植物标本在使用、移动、保存以及对外交流等方面有很多不便，所以大多数还是采用干制法制作标本。干制方法很多，其中以腊叶标本最为普遍。

1. 腊叶标本的制作

植物或植物的一部分通过采集，压制，上台纸，标明采集时间、地点，定了学名后成为标本，称为腊叶标本。"腊"，就是"干"的意思，新鲜的植物体，经过压制，失去了水分变成了干的，腊叶标本就粗具规模了。腊叶标本是保存植物最简单的方法，是学习和研究植物分类学所不可缺少的材料。

腊叶标本的制作省工省料，便于运输和保存，是最常使用的一类植物标本。从野外采来的种子植物，主要用于制作腊叶标本。腊叶标本的制作包括以下几个步骤：

（1）装压。采回的植物要当天整理。把采集来的标本，一件一件地撤去原来的吸水纸，同时在大标本夹的一片夹板上，放上 3~5 张吸水纸，把撤去吸水纸的标本放在准备好的标本夹上，标本上再放 3~5 张吸水纸，纸上再放标本，使标本和吸水纸互相间隔，层层摞叠。

整个过程要注意去污去杂，保持标本干净整洁，并仔细调理标本姿态。过于重叠的枝叶可以适当摘去一些，花、叶要展平，叶片既要有正面的，也要有背面的。整个标本夹的标本全部整理后，可在标本夹上压几块砖、石，只有压力重而均匀，才能达到使标本平整和迅速干燥的目的。

（2）换纸。标本压入标本夹以后，要勤换纸，换纸是否及时，是标本质量好坏的关键。勤换纸能使标本迅速脱水，对保持标本的色、形有重要的作用。反之，换纸不勤，加压不大不匀，易使标本退色、变形，甚至发皱、生霉。初压的标本水分多通常每天要换纸 2~3 次。第 3 天以后，每天换 1~2 次，通常 7~8 天就可以完全干燥。换下来的吸水纸放在室外晾干，可以反复使用。为了快速干制标本，也有用电热装置烘干的，效果也很好。

（3）整形。在第一次换纸时，要对标本进行整形，否则枝叶逐渐压干就不便调理了。具体做法是尽量使枝叶花果平展，并且使部分叶片和花果的背面朝上，以便日后观察研究。如有过分重叠的花和叶，可剪去一部分，这个与初次整理不同，需要保留叶柄、叶基和花梗，以使人能看出剪去前的状态。

以上 3 步是腊叶标本的压制过程，此过程必须要注意以下方面：

标本的大小适当，美观，否则，可将叶片等折叠或修剪至与台纸相应的大小。

压制标本时要尽量使花、叶、枝条展平、展开，姿式美观，不使多数叶片重叠。若叶片过密，可剪去若干叶片，但要保留叶柄，以便指示叶片的着生位置。

压制的标本要有叶片的正面，也要有部分叶片展示反面，以便于观察。

茎和小枝在剪切时最好斜剪，以便展示和露出茎的内部结构。

落下来的花、果或叶片，要用纸袋装起，袋外写上该标本的采集号，放在标本一起。

标本夹中的标本位置，要注意首尾相错，以保持整叠标本的平衡。否则，柔嫩的叶片、花瓣等可能会得不到压力而在干燥时起皱褶。

有的标本花果比较粗大，压制时常使纸突起。花果附近的叶因得不到压力而皱褶，可将吸水纸折成纸垫，垫在凸起处的四周，或将这样的果实或球果剪下另行风干，但要注意挂同一号的号牌。

花朵标本

在标本压入吸水纸中时注意解剖开一朵花，展示内部形态、以便以后研究。

标本与标本之间，须放数页吸水纸（水分多的植物，应多加吸水纸），然后压在压夹内，并加以轻重程度适当的压力，用绳子捆起后放在通风之处。

换干纸时应对标本进行仔细整理，换干纸要勤，并应在以后换纸时随时加以整理。

已干的标本要及时换成单吸水纸后另放在其他压夹内，以免干标本在夹板内压坏。

多汁的块根、块茎和鳞茎等不易压干，可先用开水烫死细胞，然后纵向剖开进行压制。肉质多浆植物也不易压干，而且常常在标本夹内继续生长，以致体形失去常态，也应该先用开水烫死后再进行压制。裸子植物的云杉属标本，也要先用开水烫死，否则叶子极易脱落。

有些植物的花、果、种子在压制时常会脱落，换纸时应逐个捡起，放入小纸袋内，并写上采集号，跟标本压在一起。

（4）认真观察标本的形态特征。在野外采集时，时间匆忙，同学们对所采集的每份标本的形态特征，只能大致了解，这就必须利用压制标本的机会，对每一份标本，进行详细的解剖观察。因此，同学们压制标本的过程，也是一个反复观察标本的过程。

在观察标本的形态特征时，务求仔细、全面，并且要着重观察花、果的形态特征。如果有的标本上的花、果细小，肉眼看不清楚，可以将野外用广口瓶盛装的花、果标本，在解剖镜下解剖观察。对每种标本的观察结果，应该用形态学术语将采集记录表记录完全，用作以后标本定名的依据。

（5）消毒。标本压干以后，应该进行消毒，以杀死标本上的害虫和虫卵。消毒时，先将盛有四氯化碳的玻璃皿放入消毒箱内铁纱下方，再将已压干的标本放在箱内的铁纱上，关闭箱盖，利用气熏的方法将害虫杀死，约数天后取出，即可进行装帧了。

（5）固定。已经压干、消毒的标本，需固定在台纸上保存。台纸选用白色较厚的白板纸，一大张白板纸可按8~9开裁成若干小张，每张纸面的长宽在36厘米×26厘米左右。

把植物标本固定在台纸上的具体操作方法如下：

①合理布局：把标本放在台纸上，根据标本的形态，或直放，或斜放，并留出将来补配花、果以及贴标本签的余地，做到醒目美观，布局合理。

②选点固定：根据已放好的标本位置，在台纸上设计好需要固定的点位。固定点不宜过多，主要选择在关键部位，如主枝、分杈、花下、果下等处，能够起到主、侧方向都较稳定的作用。

③切缝粘条：为了使标本固定在台纸上，同时又不因固定粗放而影响美观，可以选用细玻璃纸条来固定标本，在一定距离内几乎看不到有明显的固定点痕，这对于保持标本的完整美观以及持久性等方面都有良好的效果。

用玻璃纸条固定标本，先得将无色透明的玻璃纸（不一定买整张玻璃纸，可利用各种商品包装的玻璃纸）剪成2~3毫米宽，4~5厘米长的细玻璃纸条。然后在已确定固定点位的台纸上，用锋利刀片切一个长约5mm的缝隙。各个固定点不要同时切缝，而是固定一点再切下一点，并且第一次的固定点要选择在标本枝条的关键部位，也就是先固定主枝（茎），接着再固定旁侧枝。每次下刀切缝前要认真考虑好，不要切后又改变位置再切，影响台纸的整洁美观。一般来说，除先固定主枝（茎）外，其他各固定点的次序，可根据标本的具体情况，如枝叶的扩展、扭曲等来确定。

固定点切好缝后，用小镊子夹住玻璃纸条的一端轻轻穿过切缝，从台纸后面拉出少许；如用小镊子夹穿不便，还可配用刀尖轻轻塞穿。接着，将玻璃纸条的另一端横搭过固定的枝（茎）并穿过同一切缝从台纸的背面拉出。此时，台纸的背面已有两个纸端，可用小镊子夹住拉直拉紧，边拉边看台纸正面被固定的枝（茎）是否已被拉紧紧贴到台纸面上，然后再将玻璃纸条的两端左右分开，涂些胶水，平整地粘在台纸的背面。至此，这个固定点已经固定完毕，再依次分别固定其他各点。

（6）加盖衬纸。为了保护标本不受磨损，通常要在固定完好的标本上加盖一张衬纸。考虑到取用方便，可选用半透明纸，既可防潮，又耐摩擦。衬纸宽度与台纸宽度相同，只是在固定的一端稍长出台纸4~5毫米，用胶水涂在台纸上端的背面，然后把衬纸的左、右、下各边与台纸对齐，把上端长出的4~5毫米纸折到到台纸背面贴齐粘平即可。

用一般无色透明的玻璃纸做衬纸，透明度虽好，但粘着后遇潮易生皱褶，不宜使用。近年来用塑料袋封装各种标本，保存效果也很理想。

（7）定名贴签。对标本进行检索鉴定，确定标本的中名、学名和科名，叫做定名。将定名的结果填写到标本签上，并将标本签贴在台纸的右下角。至此，一份腊叶标本就制作成了。

2. 盒装植物标本的制作

对于已经压干的植物标本，除了可以固定在台纸上使用、保存外（即上述的腊叶标本），还可根据需要装入标本盒内，其制作方法如下：

（1）制备纸盒。根据标本的大小，预先制备出各种尺寸的标本盒。为了便于存放或展出，各种标本盒的规格最好统一。标本盒通常是用较厚的草板纸制成，分盒盖和盒底两部分，盒盖上面镶有玻璃，盒边四周糊以漆布或薄人造革、电光纸等。也可以去专门的地方购买合适的标本盒。

（2）垫棉装盒。植物标本装盒以前，先在盒底放些防腐、防虫的药剂，如散碎的樟脑块、樟脑粉等。

如果是玻璃面的标本盒，还需要在盒底垫上棉絮；垫棉质量的好坏直接影响标本的成品美观。盒内所垫棉絮通常选用医用脱脂棉。市售普通脱脂棉的纤维压得比较紧，需经加工才能垫用。垫棉时要一把一把地用手将棉纤维拉顺，随拉随铺，铺齐铺平，切不可杂乱铺垫。所铺垫的棉絮至少要高出盒底4倍左右。

（3）置放标本。把标本按适当布局平放在棉层上，加配的花、果等也一并置于适当的位置。棉层的右下方放好植物标本签。

（4）盖盒封装。把玻璃盒盖平稳地盖向盒底，盖盒过程中随时注意调理标本不使移动位置。然后在每盒边上插入2～3枚大头针，将盒盖固定牢靠。

3. 胶带粘贴标本的制作

为了满足传阅学习的需要，有些植物标本可用透明胶带粘贴，以利于传阅、保存。

（1）选择植物。宜选取含水分较少的枝、叶、花等。含水分多的植物如仙人掌类的茎、花等不易脱水，容易霉烂，不宜采用此法。

（2）加工整形。小型的开花植物，可略加整理，拭去浮尘，摘掉重叠的不必要的旁枝侧叶，即可准备粘贴。

枝干较粗的，可用解剖刀将枝干纵向剖去一部分；剖面要削平，以便上纸粘贴。

花朵较大的，可将花的下半部分用解剖刀去薄切平，只留完整的正面，以便粘贴胶带。也有将花朵全部剖开只粘贴花瓣、花蕊等部分结构的。

（3）衬纸粘贴。为了衬托花、叶颜色，先根据花、叶的原色准备好相应的颜色的电光纸，例如红花就以红色电光纸做衬纸，绿叶就以绿色电光做衬纸，把花、叶等分别放在不同颜色的电光纸上，用适当宽度的透明胶带自上而下地压住。

用圆头镊子尖沿着花、叶边缘把透明胶带各压一周圈，使胶带边缘紧紧压在电光纸上。再用弯头小剪刀把已压好的花、叶紧靠边缘剪下。剪下的花、叶标本，可在衬纸背面涂上胶水，根据标本的大小另粘在不同尺寸的台纸上，然后加贴标本签，放入书页或植物标本夹内，几天后即可取出存用。

请注意，同学们买来的透明胶带宽窄不一，有的1厘米左右，也有3～5厘米的，可多备几种，根据需要选用。透明胶带要注意妥善保存，最好放在洁净的塑料袋内，防潮、防热、防尘，保持胶带的洁净透明。

4. 叶脉标本的制作

叶脉标本可以用来观察叶片的输导组织，制作后又常用颜料染色作为书签，因此又称叶脉书签标本。对植物的叶片加工处理，除去叶肉即可制成叶脉标本。

制作方法如下：

（1）煮制法

①选采叶片：宜选用叶形美观、质地较坚韧、叶脉网络较密而深刻的叶片，如杨树叶、桂花叶、榆树叶等。薄嫩的或行将干枯的叶片不适宜。最好在深秋季节，叶片初黄较老时采叶，采集的叶片要求完整，无机械损伤，未受病虫侵害。比如，生有褐锈病斑的叶片，煮后脱

叶脉标本

去叶肉，由于残留的病斑不易脱净，常给操作带来麻烦，这样的叶片就不能采用。

②除去叶肉：往烧杯里放 5 克碳酸钠和 8 克氢氧化钠，加水 1 000 毫升配制成溶液，用玻璃棒调匀，加热使之沸腾，然后把用清水洗净的叶片投入烧杯。为了把叶片煮匀并防止把叶柄煮坏，可以把叶柄用铁夹子夹住，每个铁夹子上平行地夹着五六片叶子，用铁丝吊着放进烧杯，叶片浸入溶液，叶柄则悬起在溶液之上，这样既免去了叶片的互相粘连而浸煮不匀，又可以使叶柄免遭不必要的浸煮。

浸煮叶片的火候要掌握好，浸煮时间要适当。根据火力的大小和叶片的质地，一般在煮过十余分钟后，要从烧杯中取出一片放在清水盘里，用棕毛刷轻轻拍打几下，看看叶肉的剥脱情况，如果叶肉已经达到易于脱下的程度，就应该马上停火。经验表明，浸煮到叶片表面出现大小不一的凸泡时，就是叶肉容易剥脱的时刻。煮好的叶片放入清水盘，漂净药液和脱下的叶肉残渣。这时叶肉大部分还没有脱离叶片，需要另换一个清水盘，盘内斜放一块玻璃板（或小木板），一半浸入水中，一半露出水面。接着把单张的叶片平展在露出水面的玻璃板（或小木板）上，用棕毛刷轻轻拍打叶片，把拍打下来的叶肉冲入水盘内。拍打叶片要反正面拍打，最好先拍打反面，然后翻过来拍打正面。拍打时不可用力过猛，尤其是靠近叶柄的部位，更得轻轻拍打，以免打破叶脉，打断叶柄。

③着色处理：为使叶脉着色鲜艳均匀，染色前要先行漂白，放在 10%～15% 的双氧水中浸泡 2 小时左右，叶脉即退色变浅，接着把漂白后的叶片放到清水中冲洗，取出后放在吸水纸上吸去残余的水分，然后平放在玻璃板上，调好染料进行着色。染料可选用染布颜料或染胶片用的透明颜料，也可用彩色水笔所用的颜料，颜色可任意选择。如用水彩笔颜料，可直接均匀滴在叶脉上，不用笔刷或浸染，叶脉即可良好着色。把已着色的叶脉放在吸水纸上，或夹在废旧书页内阴干压平，即成为一种颇有特色的叶脉标本。如在叶柄上系一条彩色小丝带，它又成了一叶别致的"叶脉书签"。

（2）水浸法。将叶片浸入缸（罐）内水中，水要浸过叶面，置于温暖处浸沤。由于水中杂菌不断污染叶片，叶肉逐渐变腐，视叶肉腐变程度，当它已易于脱落时，即可按上述煮制法中用棕毛刷拍打叶片的方法脱去叶肉。接着漂白、着色，操作方法和步骤均与煮制法相同。

（3）腐烂法。适合夏季。将新鲜叶片浸入水中，利用细菌作用使其腐烂，一般需半个月左右。浸的时间与气温、叶片质地均有密切关系。气温高，叶片薄，时间 1 周左右；气温低，叶片厚，时间则长些。叶肉腐烂后在水中轻轻刷去，就可漂白。浸渍时还要注意换水。

用漂白粉 8 克溶于 40 毫升水中配成甲液，用碳酸钾 5 ~ 8 克，溶于 30 毫升热水中配成乙液，然后再将两液混合搅匀，待冷却后，加水 100 毫升，滤去杂质，制成漂白液备用。漂白时将叶脉标本浸入漂白液片刻，再取出用清水漂洗干净。最后按照煮制法的着色操作方法进行后处理即可。

5. 立体标本的制作

立体标本是一种既使标本脱水便于保存，又保持它新鲜时候立体状态的标本，可以供陈列展览和直观教学用。它的制作方法有两种。

（1）硅胶埋藏法。事先要准备好干燥箱、真空抽气机、真空干燥器和硅胶等，把干燥箱定温在 41℃ ~ 42℃ 备用。取真空干燥器，在它的底部铺上 3 厘米厚的硅胶（硅胶事先要粉碎成小米粒大小）。然后把选择好的新鲜植物标本立在真空干燥器里，把事先准备好的硅胶慢慢倒入，边倒边用镊子整理植物，尽量保持原形。等到硅胶把整个植物标本全部埋藏起来以后，在真空干燥器边缘涂上凡士林，盖好盖子。

把这个真空干燥器放入事先定好温度的干燥箱里，通过干燥箱的上口，为真空干燥器接上抽气机的橡皮管，进行抽气。大约 3 小时以后，把真空干燥器的门关上，停止抽气，干燥箱继续保持恒温 4 ~ 5 个小时，然后切断电路，在箱里温度下降到室温的时候，取出真空干燥器。

把真空干燥器的阀门打开，让空气进去，然后取下盖子，擦净凡士林，慢慢把标本倒出来。

由于标本在恒温和真空条件下迅速失水干燥，所以基本保持了鲜活时候的颜色。为了使标本鲜艳生动，可以用喷雾器喷洒 5% 的石蜡甘油溶液。

玉米支持根干制标本

洋葱干制标本

土豆干制标本

立体标本

（2）细沙埋藏法。取细而匀的河沙，用水洗净并且烤干。制作的时候，先把新鲜标本放在一个体积适合的盒里，按硅胶埋藏法的方法，把沙小心填满标本周围。填好以后，放在阳光下或者火炉旁，大而多汁的标本，一般需要7~8天，小标本1~2天就可以干燥。干燥以后的植物标本，必须小心取出，防止叶、花脱落，还要用毛笔刷掉粘在标本上的细沙，最后也可以喷洒石蜡甘油溶液。这样干制的植物标本，虽然色泽会有所变化，但是方法简单，容易制作。

种子标本的制作

种子标本都是风干而成。风干标本是将新鲜的植物材料置于空气流通的地方，让它风吹日晒，自然干燥而成的标本。除种子以外，某些制成腊叶标本时不易压干的植物，如向日葵花盘、石蒜鳞茎、鳄梨等，一般都制成风干标本。

风干标本常用于生物学教学和农业科学研究。例如识别水稻珍珠矮和矮仔黏的形态特征等，就要两者的全株、稻穗、谷种等制成风干标本，以比较株高、有效分蘖、穗长、种子大小、千粒重等。风干标本也可用于比较不同栽培措施对棉花、油菜等作物的影响。这就要将各种栽培措施的棉花、油菜的全株风干，以比较株高、分株、结铃、结荚等。

种子风干标本的具体做法是：采集成熟的果实，除去果皮（锦葵科、豆科、十字花科等干果类），或洗去果肉（蔷薇科、茄科、葫芦科、芸香科、百合科等肉果类），再将获得的种子置阳光下晒干，待充分干透后，分别装入种子瓶内保存，并贴上标签，分类排列于玻璃柜里。制作时要注意保持不同植物种子的固有特征，如槭树、榆树、紫檀、黄檀等种子的翅，蒲公英、棉花、大丽菊、万寿菊等种子的种毛等。风干标本也要求干燥越快越好，遇上连日阴雨，则应用45℃烘箱烘干，或直接在炉旁烘干，以防腐烂发黑。

标本风干后一般都会干瘪收缩，失去原来形状，颜色也有所改变，因此风干前后应作好详细记录。制成的风干标本要及时保存在瓶里，贴上标签，分类别、有次序地陈列在橱柜里。大的植株可用塑料薄膜套住，密封保存。雨季因空气潮湿，要经常检查，以免霉烂。

QUWEI SHENGWU BIAOBEN

 **知识点**

硫酸铜

硫酸铜为天蓝色或略带黄色粒状晶体，水溶液呈酸性，属保护性无机杀菌剂，对人畜比较安全。化学式为 $CuSO_4$。一般为五水合物 $CuSO_4 \cdot 5H_2O$，俗名胆矾；蓝色斜方晶体；密度2.284克/立方厘米。硫酸铜是制备其他铜化合物的重要原料。同石灰乳混合可得"波尔多"溶液，用作杀虫剂。硫酸铜也是电解精炼铜时的电解液。

硫酸铜的用途主要有：

（1）无机工业用于制造其他铜盐如氯化亚铜、氯化铜、焦磷酸铜、氧化亚铜、醋酸铜、碳酸铜等。

（2）染料和颜料工业用于制造含铜单偶氮染料如活性艳蓝、活性紫等。

（3）有机工业用作合成香料和染料中间体的催化剂，甲基丙烯酸甲酯的阻聚剂。

（4）涂料工业用作生产船底防锈漆的杀菌剂。电镀工业用作全光亮酸性镀铜主盐和铜离子添加剂。

（5）印染工业用作媒染剂和精染布的助氧剂。

（6）农业上作为杀菌剂。

（7）养殖业也用作饲料添加剂微量元素铜的主要原料。

（8）皮蛋和葡萄酒生产工艺中可以使用食品级的硫酸铜作为螯合剂和澄清剂。

 **延伸阅读**

溶液分类

饱和溶液：在一定温度、一定量的溶剂中，溶质不能继续被溶解的溶液。

不饱和溶液：在一定温度、一定量的溶剂中，溶质可以继续被溶解的溶液。

饱和与不饱和溶液的互相转化：

不饱和溶液通过增加溶质（对一切溶液适用）或降低温度（对于大多数溶解度随温度升高而升高的溶质适用，反之则须升高温度，如石灰水）、蒸发溶剂（溶剂是液体时）能转化为饱和溶液。

饱和溶液通过增加溶剂（对一切溶液适用）或升高温度（对于大多数溶解度随温度升高而升高的溶质适用，反之则降低温度，如石灰水）能转化为不饱和溶液。

规则溶液：1929 年 J. H. Hildebrand 提出了规则溶液模型，并对规则溶液定义为：形成（混合）热不为零，而混合熵为理想溶液的混合熵。

规则溶液是更接近实际溶液的一种溶液。它的形成除混合熵不等于零外，其他特性和理想溶液一致。由规则溶液推导出的热力学规律，广泛应用于非电解质溶液，尤其对许多合金溶液的应用，更为合适。因此，对于冶金和金属材料科学来说，规则溶液理论是十分重要的。

植物标本的保存

植物标本的使用范围很广，种类繁多，制作方式各异，所以在保存、管理方面也就有不同的要求。但有一个最基本的要求是一致的，那就是要在一定的条件下和相当的时期内，使保存的标本在形态、结构方面完整无损。

为此，不论是浸制还是干制的植物标本，在保存期间，主要都应着重抓好防潮、防腐、防虫、防晒，以及全面性的防尘、防火等，这样才能既保存了局部的标本，又维护了全面的安全贮藏。尤其是对某些珍稀标本，更应备加珍惜、爱护。

浸制植物标本的保存

浸制植物标本保存的重点应放在浸液和封装两方面。

1. 定期观察浸液情况

浸制标本要经常注意容器内的标本浸液是否短缺或混浊变质，如有短缺或混浊变质情况，需及时查明原因，究竟是塞盖损裂还是封装不严，然后添换标本浸液，换去已损裂的塞盖或重新严密封口。

装在一般玻璃瓶（管）内的浸制标本，瓶塞多是软木或橡胶制品，接触时间一久，塞头就会老化变质而污染浸液和标本，因此，浸液不应装得太满，要与瓶塞隔开适当距离。例如，存放在指形管的小型标本，其浸液只装到管内容量的 2/3 即可。

2. 严密封装瓶口

浸制标本的玻璃瓶（管）通常用石蜡或凡士林封口。封口时先把瓶口和瓶塞擦干，略加预热，再把瓶塞浸入熔化的石蜡，瓶口也刷些热石蜡，然后趁热塞紧瓶塞，并在封口处用热石蜡补封一次，涂匀涂平，封口即告结束。为了复查瓶口是否封严，可将瓶体稍作倾斜，如在封口处发现有浸液外溢，即表示封闭不严，应立即查明原因，采取补救措施。

为了使瓶口封装更严，可在已经蜡封的瓶塞处蒙上一小块纱布，并再均匀涂上一层热蜡。

此外，还须注意，各种浸制标本，宜集中放在避光处的柜橱内长期保存，要避免反复移动或强烈震动。

干制植物标本的保存

各种干制标本的保存方法基本相同，但是由于制作、使用等方式方法的不同，它们的具体保存方法并不完全一样。

1. 腊叶标本的保存

腊叶标本的保存要点，主要是防潮、防晒、防虫。标本的数量不多时，可放入打字腊纸的空纸盒内，盒边贴上小标签，说明盒内标本所属的科、属，即可集中放入普通文件柜内保存；数量较多，准备长期保存的腊叶标本，应放入特制的腊叶标本柜内。

腊叶标本柜是一种木制标本柜，分上下两节，双开门。每节左右各有 5 大格，每一大格内又分 5 小格，小格板为活动拉板，可以调节上下间距。上节底部的格板也是活动拉板，便于在取标本时把标本暂放在拉板上。标本柜的高度，主要是考虑取放方便，以伸手可得为度。一般柜的高度为 200 厘米，宽为 70 厘米，深为 45 厘米。在每一小格板的左右边角处，钻几个手指大小的孔，利于柜内防腐、防虫剂的气味得以在柜内流通。为严密柜门，可在柜门的边框上加粘绒布条。四扇柜门的正面各镶一金属卡片框，把柜内所存标

本按分类标准（科、属、种等）写在卡片上。

放入柜内的标本，要经常或定期查看有无受潮发霉或其他伤损现象，以便及时进行调理。注意流通空气，添换防腐、防虫剂，室内严禁烟火，注意防尘。

2. 种子标本的保存

作为植物种子的标本，应选择那些成熟、饱满、完整、特征典型的种粒，并在充分干燥以后再保存。

一般展览用的种子标本，多是放在玻璃制的种子瓶里瓶外加贴标本签。也可将各种种子分装在小玻璃瓶（管）内，封好口，贴上小标本签，然后装在玻璃面标本盒中展出。

如果需要长期保存，可以将种子分装在牛皮纸袋内，袋外用铅笔注明标本名称或加贴标本签，然后放进种子标本柜保存。标本柜的样式与苔藓植物标本柜相同，管理方法也同苔藓植物标本一样。

3. 胶带粘贴标本的保存

用透明胶带粘制的各种植物标本，应针对胶带的特性和标本的处理方式采用相应的保护措施，才能保证标本经久不褪色、不皱褶、不开胶。其保存要点简介如下：

（1）展平压放。胶带粘制的各种植物标本，多是采用新鲜未干的实物粘制的，所含水分多从背面底纸上逐渐散出，因而易使底纸受潮变皱。为此，粘制后需根据标本的大小厚薄，分别展平夹压在植物标本夹、书册、玻璃板下或硬纸夹内。

（2）干湿适度。胶带粘制的各种标本不可放在过于潮湿或燥热的地方。过于潮湿，胶带和底面的衬纸容易受潮变皱发霉；过于燥热，容易由胶带的边缘开始向内干裂脱胶。因此，保存此类标本要注意放在干湿适度的地方。

（3）避光防尘。胶带粘制的各种植物标本同其他生物标本一样不可让日光直晒。由于胶带不仅易于吸附污尘，而且一旦吸附了污尘，就很难去掉。尤其是胶带的边口部位黏性较大，沾染污尘之后常会出现黑边，很不美观。

（4）随时维修。为了防止胶带粘制的植物标本开胶变形，以及其他诸如胶布污秽不洁、标本受潮发皱等现象，要在取用之后及时检查有无异常，并及时予以维修。保存期间，不可久置不管，一旦发现胶带微有开胶，黏性尚未失效，就要马上给予粘合，以便有效地保护标本的完整无损。

此外，对于平时备用的胶带要多加爱护，防止受潮、受热。沾染污尘；操作时不要把胶带放在污秽不洁的桌面或其他器物上；胶带用毕要放在塑料袋内保存。

立体标本的保存

把制好的立体标本放入体积相当的标本瓶里保存。为了避免标本吸湿，瓶里应该放入硅胶，并且密封瓶口。

 知识点

软　木

　　软木，俗称木栓、栓皮。植物木栓层非常发达的树种的外皮产物，茎和根加粗生长后的表面保护组织。古代埃及、希腊和罗马用来制造渔网浮漂、鞋垫、瓶塞等。中国春秋时代已有软木的记载。生产软木的主要树种有木栓栎、栓皮栎。通常20年生或以上、胸径大于20厘米的植株即可进行第一次采剥，所得的皮称头道皮或初生皮。以后每隔10～20年再采剥，所得的皮称再生皮，皮厚在2厘米以上。

　　软木的栓皮槠（国外称为栓皮栎），难以适应高寒高温气候，一般生长在亚热带、温带气候区的海拔400～2 000米的山林中。环北纬32°～35°范围内，符合该地理、气候条件的山区，大多可以见到软木资源。例如葡萄牙、西班牙、法国的南部地区，以及我国境内秦巴山区，河南西南部等。

　　葡萄牙被称为"软木王国"，因其境内特殊的地中海式气候，适宜软木原材料的生长，同时，葡萄牙是世界上对软木资源的开发，原材料出口，以及产品深加工最早的国家之一。

　　我国陕西境内的秦巴山区，同样蕴涵丰富的软木资源，占全国软木资源50%以上。因此陕西被业内称为"软木之都"，依托这一资源优势，国内目前大型的软木制造商主要集中在这里。

延伸阅读

溶液用途

在溶液里进行的化学反应通常是比较快的。所以，在实验室里或化工生产中，要使两种能起反应的固体起反应，常常先把它们溶解，然后把两种溶液混合，并加以振荡或搅动，以加快反应的进行。

溶液对动植物的生理活动也有很大意义。动物摄取食物里的养分，必须经过消化，变成溶液，才能吸收。在动物体内氧气和二氧化碳也是溶解在血液中进行循环的。在医疗上用的葡萄糖溶液和生理盐水、医治细菌感染引起的各种炎症的注射液（如庆大霉素、卡那霉素）、各种眼药水等，都是按一定的要求配成溶液使用的。植物从土壤里获得各种养料，也要成为溶液，才能由根部吸收。土壤里含有水分，里面溶解了多种物质，形成土壤溶液，土壤溶液里就含有植物需要的养料。许多肥料，像人粪尿、牛马粪、农作物秸秆、野草等等，在施用以前都要经过腐熟的过程，目的之一是使复杂的、难溶的、有机物变成简单的易溶的物质，这些物质能溶解在土壤溶液里，供农作物吸收。

蕨类植物标本制作

蕨类植物是孢子植物中进化水平最高的类群之一。全世界共有 12 000 余种，其中绝大多数为草本植物，在我国生长的约有 2 600 余种。

蕨类植物的孢子体和配子体都能独立生活，它们的孢子体的体型大，有根、茎、叶的分化；而配子体不但体型微小，而且结构简单。我们平时所见的都是它们的孢子体。蕨类植物分类的主要依据是孢子体的形态特征，对配子体的特点，分类中很少采用。

蕨类植物的种类和分布

蕨等植物分布很广，地球上除海洋和沙漠外，举凡平原、高山、森林、草地、岩隙、沼泽、湖泊和池塘，都有它的踪迹。由于生存环境多种多样，蕨类植物分为土生、石生、附生和水生等4大类型。

1. 土生蕨类：大部分蕨类为土生种。在土生种类中又分为旱生种、阴生种和湿生种。旱生种类多生于被破坏的森林和干旱的荒山坡上，如常见的蕨。阴生种多生于阴湿的林下，如蹄盖蕨科、鳞毛蕨属。湿生种多生长在

蕨等植物

溪流旁或沼泽地带，如木贼科、金星蕨科。

2. 石生蕨类：石生蕨类生长在岩石缝隙中，非常耐旱，如卷柏科的卷柏。

3. 附生蕨类：附生蕨类大多生活在热带雨林中的乔木上，如巢蕨。

4. 水生蕨类：水生蕨类的种类不多，都生活在淡水中。它们当中有的漂浮在水面上，如槐叶萍、满江红等；有的则是整个植物体沉入水中，如水韭属。

蕨类植物标本的采集

1. 采集工具

（1）小抄网（用纱布或尼龙纱制作）：用于采集水生蕨类植物。

（2）掘铲或小镐：用于挖掘蕨类的地下茎。

（3）采集袋：用于盛装全部采集用具用品和标本。

（4）塑料袋（大小各种型号）：用于临时保存标本。

（5）大、小标本夹和吸水纸：用于装压标本。

（6）野外记录册、铅笔、标本号牌和钢卷尺：用于记录标本。

2. 采集方法

蕨类植物营养器官的结构、大小和质地，均和种子植物接近，因此，采集方法与种子植物的采集类似。但应注意以下几点：

（1）采集地点。大多数蕨类植物性喜阴湿，多生活在阴湿地方，所以采

集时，应多到阴坡、沟谷和溪流旁查找。

（2）采集的标本要完整。标本的完整性主要指以下两个方面。

第一，根、茎、叶要完整。在蕨类植物中，绝大多数是真蕨纲植物，而真蕨纲植物大多没有地上茎，茎生在地下，叶大多为羽状复叶，单叶的种类很少，日常生活中同学们常误将羽状复叶的总叶柄看成地上茎，将复叶上的羽片或小叶看成一片片叶，因此在采集时，往往只揪一片叶。要指导同学们将一株蕨类植物的根、茎、叶采全。

第二，标本要具备孢子叶或营养叶上具备孢子囊群。孢子叶和孢子囊群是蕨类植物分类的重要依据。有些蕨类植物如荚果蕨，叶有营养叶和孢子叶之分，对这样的种类，须同时采集两种叶；有些蕨类植物，如蕨只有营养叶，但营养叶生长到一定时期，在小叶背面出现许多孢子囊群，对这样的种类，要采集带有孢子囊群的叶。所以，蕨类植物的采集有时间性，即必须在出现孢子叶或营养叶上出现孢子囊群时进行采集，在北方，这时间大多是盛夏季节。

（3）采集的标本要尽快放入小标本夹中压好。由于蕨类的叶，常常是3～4回羽状复叶，大而零散，而且生于阴湿环境，叶面角质层薄，质地柔软。这样的标本如果在阳光下放置时间过久，或在采集袋中反复挤压揉搓，就会萎蔫变形，小叶重叠，给标本压制工作带来很大困难。因此，采集后最好立刻放入小标本夹中压好。万一做不到这一点，也应该放入大塑料袋中暂时保存。一般标本在塑料袋中只能保存3～4小时不萎蔫，所以不能存放时间过久。

（4）作好采集记录工作。蕨类标本采集后，应及时编号和记录。

蕨类植物标本的制作

1. 腊叶标本

采集的蕨类标本主要以腊叶标本的形式保存。其腊叶标本的制作方法，与种子植物的腊叶标本基本相同。但在制作过程中应注意以下两个问题：

（1）标本压制时，要将叶片进行反折，使背腹面都能展现出来，以便能同时观察叶的背腹面形态特征，尤其是营养叶背面生长孢子囊群的种类，更要将其背面在台纸上展现清楚。

（2）羽状复叶如果过大，可以折叠，经过折叠还大时，可剪取部分小叶进行压制，但要将整个的形态在采集记录册中详细记录。

2. 乳胶粘贴法

随着工业的发展，越来越多的化学合成黏合剂可以用来喷涂粘制植物标本，例如乳胶。乳胶粘贴法在保持标本完整性以及使用、保存等方面都有良好的效果。其中有用聚苯乙烯颗粒兑水隔热加温制成糊状物来涂刷植物标本的，也有用醋酸乙烯乳液刷粘植物标本的，一般用醋酸乙烯乳液刷粘植物标本效果较好，它的主要优点是取材方便，操作简便，粘力较强，透明度高，并有速干的特点，故此乳胶粘贴法又被称为"快速制作法"。

醋酸乙烯乳液即市售"乳胶"，一种乳白色的乳状胶合剂，是黏合木材的常用品。用它粘制植物标本，不足之处是对花的保色较差，甚至变色，但对一般植物的茎（枝）叶来说，它却既可保色，而且干后能使青枝绿叶的植物标本显得更加光亮鲜嫩。

用乳胶粘贴法制作蕨类植物标本的具体操作方法如下：

选取带有孢子囊的蕨类植物叶或连同根状横茎一起挖出的整株标本，除去茎、叶上的浮尘，清理整洁后放在台纸上（如叶部太长，可折成 N 形或 W 形）。如需制作大型整株标本，则放标本的大张台纸要固定在三合板（或五合板）上。适当地翻过一些叶片，使标本上的叶片既有正面的，也有反面的。

用毛笔或小平板毛刷沾上乳胶，在叶柄下面的台纸上涂刷一层乳胶，随即把叶柄向下压粘在台纸上；对于带有横茎的标本，也需同样处理。接着，自下而上一片一片地掀起叶片，用乳胶固定在台纸上。整个标本用乳胶固定后，再在叶面、叶柄和横茎表面涂刷一层乳胶，10 余分钟后乳白色的胶层逐渐变干，形成一层平整光洁的透明薄膜，标本就显出光亮鲜嫩的外观。小型标本可在小张台纸上加贴标本签，大型标本则需另加适当字型的专题标注。

涂刷标本表面的乳胶时，也可连同整个台纸一起刷乳胶，效果很好，但需注意刷胶均匀，以防台纸发皱，刷胶后还要加压使之平整。

用这种方法制作标本，特点是速制速成，平整光洁，适用于课堂教学或提供科普展览。保存时最好在上面盖一张黑纸防止长期曝光退色。此外还要注意防潮、防水。

蕨类植物标本的保存

蕨类植物标本的保存和一般干制植物标本的方法基本类似，在此不赘述。

知识点

孢子囊

孢子囊是植物或真菌制造并容纳孢子的组织。孢子囊会出现在被子植物门、裸子植物门、蕨类植物门、蕨类相关、苔藓植物、藻类和真菌等生物上。

1. 小孢子囊

是花朵雄蕊上被称作花药，以及雄毬果小孢子叶上产生花粉的部分。

2. 大孢子囊

是此类植物相对的"雌性"部分，分别为花朵的心皮及大孢子囊毬果。

在蕨类植物上，成熟的植物是孢子体，并会在所以或只有某些叶子（称之为孢子叶）上产生带有有性孢子的孢子囊。这些孢子会在叶子的下端。

在苔藓上，其孢子囊则是长在细茎上，并如蕨类植物一般会产生有性孢子。此一孢子体（双倍体）的孢子囊是从卵受精后的配子体（单倍体）颈卵器长成出来的。孢子囊起初会有一些叶绿素，但之后便会转变为棕色，并改由依靠配子体提供其养分。孢子囊会从茎部基部，依附着颈卵器组织的地方吸收养分。

因其发育的不同，孢子囊在维管植物中可分成厚孢子囊和薄孢子囊两种。薄孢子囊只出现在蕨类植物中，一开始只有一个细胞，并由此细胞发展成茎、壁和孢子囊内的孢子。每个薄孢子囊内有64个左右的孢子。厚孢子囊出现在所有的其他维管植物和一些原始蕨类中，一开始是一层细胞（多于一个细胞）。厚孢子囊较大（因此有较多孢子），且有多层的壁。虽然这些壁可能会伸展及损伤，导致最后只剩一层壁还残留着。

一群孢子囊可能在发展中聚合在一起，称之为聚合囊。此一结构在松叶蕨属和如天星蕨属、单蕨属及合囊蕨属等合囊蕨纲中是很显著的特征。

蕨类植物中的指示植物

不同的植物种类要求不同的生长环境，有的适应幅度较大，有的适应幅度较小，后者只有在满足了它对环境条件的要求下，才能够生存下去，这种植物相对地指示着当地的环境条件，叫做指示植物。蕨类植物，对外界自然条件的反应具有高度的敏感性，不同的属类或种类的生存，要求不同的生态环境条件，如石蕨、肿足蕨，粉背蕨、石韦、瓦韦等属（少数例外）生于石灰岩或钙性土壤上；鳞毛蕨、复叶耳蕨、线蕨等属生于酸性土壤上；有的种类适应于中性或微酸性土壤上。有的耐旱性强，适宜于较干旱的环境，如旱蕨、粉背蕨等；相反地，有的只能生于潮湿或沼泽地区，如沼泽蕨、绒紫萁。因此，从生长的某种蕨类植物，可以标志所在地的地质、岩石和土壤的种类、理化性、肥沃性以及光度和空气中的湿度等，借此判断土壤与森林的不同发育阶段，有助于森林更新和抚育工作。

其次，蕨类植物的不同种类，可以反映出所在地的气候变化情况，借此可以划分不同的气候区，有利于发展农、林、牧，提高产量，如生长着桫椤树、地耳蕨、巢蕨的地区，标志着热带和亚热带气候，宜于栽培橡胶树、金鸡纳等植物，生长刺桫椤树的地区，标志着南温带气候，其绝对最低温度经常在冰点以上，生长绵马鳞毛蕨、欧洲绵马鳞毛蕨的地区，标志着北温带气候等。另外，生长石松的地方，一般与铝矿有密切关系。

苔藓植物标本制作

苔藓植物是一群形体较小的高等植物，没有真正根、茎、叶的分化。全世界约有23 000余种，我国有2 800多种。苔藓植物的营养体即配子体，它的孢子体不能独立生活，寄生或半寄生在配子体上。

苔藓植物的种类和分布

苔藓植物的适应性很强，分布广泛，在高山、草地、林内、路旁、沼泽、

苔藓植物

湖泊、乃至墙壁屋顶，都有它的分布。根据生境的不同，可把苔藓植物分为水生、石生、土生和木生等 4 大类型。

1. 水生苔藓：由于水生环境多种多样，不同水生环境又生长着不同的苔藓植物，在有机质比较丰富的水中，有漂浮的浮苔属、钱苔属；在流水中物体上生长的有水藓属、曲柄藓属、塔藓属、垂枝藓属、拟垂枝藓属、青藓属等；静水中物体上生长的有柳叶藓科；沼泽中生长的有泥炭藓属。

2. 石生苔藓：生长在岩石上的苔藓植物比较多。由于岩石的酸碱度和湿度不同，所生长的苔藓植物种类也不同。如酸性高山岩石上生有黑藓属、砂藓属；干旱岩石上生长的有紫萼藓属、虎尾藓属、牛舌藓属；潮湿岩石上生长的有提灯藓属和一些苔类。

3. 土生苔藓：土生苔藓植物的种类最多。土壤性质不同，生长的苔藓种类也不同。在腐殖质丰富、含氮量高的土壤上，常生长着葫芦藓属、地钱属等；酸性土壤上常生长曲尾藓属、仙鹤藓属等；中性土壤上常生长提灯藓属、羽藓属等；碱性土壤上常生有山羽藓属、绢藓属等；含钙量高的土壤上，常生有墙藓属。

4. 木生苔藓：在林内附生在树上和倒木上的苔藓植物，有光萼苔属、耳囊苔属、羽苔科、平藓科等。

苔藓植物标本的采集

1. 采集工具

（1）小抄网：用于捞取漂浮水面的苔藓。

（2）采集刀（可用电工刀代替）：用于采取石生和木生苔藓。

（3）镊子：用于采取水中、沼泽中的苔藓。

（4）纸袋（12 厘米×10 厘米）：用于盛装苔藓标本。

（5）塑料瓶：用于盛取水生苔藓。

（6）采集袋、塑料袋、曲别针（或大头针）采集记录册、铅笔等。

2. 采集方法

（1）对不同生长环境的苔藓植物，要用不同方法采集。

①水生苔藓：对于漂浮水面的种类，可用小抄网捞取，然后将标本装入塑料瓶中。对于生长在水中物体上或沼泽中的种类，可用镊子采取，采集后，将标本放入塑料瓶内或将水甩净后装入纸袋中。

②石生、树生苔藓：对于生长在石面的种类，可用采集刀刮取。对于生长在树皮上的种类，可用采集刀连同一部分树皮剥下。对于生在小树枝或叶面上的种类，可采集一段枝条或连同叶片一起采集。

③土生苔藓：对于松软土上生长的种类，可直接用手采集。稍硬土壤上的种类，则要用采集刀连同一层土铲起，然后小心去掉泥土，将标本装入纸袋中。

（2）要尽量采集带有孢子体的标本。苔藓植物孢子体各部分的特征，在分类上有重要价值。采集时，要保持孢子体各部的完整，尤其是孢蒴上的蒴帽容易脱落，要注意保存。

（3）作好采集记录。标本采集后，应及时编号和填写采集记录册。

记录的时候，注意以下几点：

生境：指苔藓植物生活的具体环境，如林中、林下、林缘、草地、岩面、土坡等。

基质：指苔藓植物附生的物体，如水中岩石、水中朽木、树皮、树叶、土壤等。

营养体生长形式：指直立、倾立、匍匐、主茎横卧枝茎直立、主茎紧贴基质枝茎悬垂等。

孢蒴：指孢蒴作成标本后容易变化或不易区分的性状，如姿态下垂、上举、倾斜等。

苔藓植物标本的制作

苔藓植物标本的制作和保存比较简单，一般用以下两种方法。

1. 风干标本

苔藓植物体小，容易干燥，不易发霉腐烂，而且在干燥的状态下，颜色能长期保存。因此非常适宜制成风干标本，并用纸质标本袋长期保存。

2. 压制腊叶标本

各种苔藓植物都可制作腊叶标本，尤其是水生种类和附生在树枝、树叶上的种类，更适合用腊叶标本保存。其制作方法与制作种子植物腊叶标本相同。但要在标本上盖一层纱布，以防止有些苔类标本粘在盖纸上。

苔藓植物标本的保存

干制的苔藓植物标本，除用标本台纸或装盒保存外，还可放在牛皮纸袋内长期保存。

入袋保存前，先将标本放在通风处晾干，去净所带泥土，然后放入标本袋中。牛皮纸袋的的制作方法如下图所示：

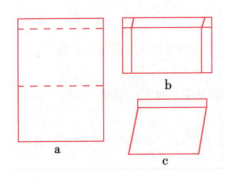

苔藓标本袋

将牛皮纸按照左图折成长方形纸袋。放入标本后，将折在背面两下袋口互相交叉叠好，在纸袋外面加贴标本签，注明标本的名称、学名、采集地点及采集人等。装袋的苔藓植物标本，可放在木盒或纸盒内长期保存。标本数量较多，需较有系统保存时，要另备标本柜。在此同时，要填写标签，写明学名、产地、采集人和编号，将标签贴在标本袋上，并在登记簿上登记，然后入柜长期保存。

标本柜的大小和抽斗的多少可自行设计。标本柜的高度考虑取放标本方便；每个抽斗的宽度要以能横放标本纸袋为准，抽斗外面设有拉手和标本卡片框。标本柜宜放在干燥的地方，抽斗里放些防腐、防虫剂，同保存其他植物标本一样要注意防潮、防虫。

知识点

配子体

　　在植物世代交替的生活史中，产生配子和具单倍数染色体的植物体。苔藓植物配子体世代发达，习见的植物体为其配子体，孢子体寄生在它上面。蕨类植物的配子体称原叶体，虽能独立生活，但生活期短，跟孢子体相比，不占优势地位。种子植物的配子体即花粉粒和胚囊［配子体所对应的雌雄配子分别为花粉粒——精子（雄配子），胚囊——卵细胞（雌配子），其中有关花粉粒致死基因典型代表为女娄菜］，仅由很少细胞组成，不能独立生活，寄生在孢子体上。形成配子并进行繁殖的世代称为配子世代，配子世代的生物体称为配子体。一般植物配子体为单倍染色体。

延伸阅读

苔藓的经济价值

　　苔藓植物有的种类可直接用于医药方面。如金发藓属的部分种（即本草中的土马骔），有败热解毒作用，全草能乌发、活血、止血、利大小便。暖地大叶藓对治疗心血管病有较好的疗效。而一些仙鹤藓属、金发藓属等植物的提取液，对金黄色葡萄球菌有较强的抗菌作用，对革兰阳性菌有抗菌作用。

　　另外苔藓植物因其茎、叶具有很强的吸水、保水能力，在园艺上常用于包装运输新鲜苗木，或作为播种后的覆盖物，以免水分过量蒸发。此外，泥炭藓或其他藓类所形成的泥炭，可作燃料及肥料。总之，随着人类对自然界认识的逐步深入，对苔藓植物的研究利用，也将进一步得到发展。

　　当某个地方环境很好、空气质量高时，石头缝中一般会出现苔藓。所以，有苔藓出现的地方，多为环境好的地方。

地衣植物标本的采集和制作

地衣是多年生植物，全世界共有 25 000 余种，我国约有 2 000 种。每一种地衣都是由一种真菌和一种藻组合的复合有机体。

地衣植物的种类和分布

地衣的适应能力极强，特别能耐寒、耐旱，广泛分布于世界各地，从南北两极到赤道，从高山、森林到沙漠，从潮湿土壤到干燥岩石和树皮上，都有它们的存在。地衣因生长基物的不同，可分为附生、石生和地上土生 3 大类型。

1. 附生地衣：本类型大多附生在森林、灌丛中的树上，各种地衣在树上的分布常有其固定的部位，呈现出规律性分布。附生在树冠上的地衣，主要是枝状地衣，如松萝属、雪花衣属等；在树干上部，由于树皮光滑，大多附生壳状地衣，如文字衣科、茶渍科、鸡皮衣科等；在树干中部和基部，树皮粗糙，多少都贴生着苔藓植物，因此，树干的这两个部位大多附生叶状地衣，如梅衣属、蜈蚣衣属、牛皮叶衣属、地卷属等。

2. 石生地衣：在裸露岩石上主要是壳状地衣，如茶渍科、鸡皮衣科、黑瘤衣科、石耳科、黄枝衣科、橙衣科、梅衣科等；在有苔藓植物的岩石上，主要是叶状地衣，如梅衣科、胶衣科、地卷属、石蕊属等。

3. 地上土生地衣：在本类型中，既有壳状地衣，也有叶状地衣，如石蕊属、皮果衣属和猫耳衣属等。

地衣植物标本的采集

1. 采集工具

（1）采集刀：用于采集树皮上的壳状地衣和叶状地衣。

（2）锤子和凿子：用于采集石生地衣。

（3）枝剪：用于剪取树枝上的各种地衣。

（4）采集袋、放大镜、包装纸（可用旧报纸）、小纸袋、钢卷尺、采集记录册、铅笔、号牌等。

2. 采集方法

（1）壳状地衣的采集：此类地衣，由于没有下皮层，髓层的菌丝紧紧贴在基质上，很难与基质分离。采集时，必须连同基质一起采；对地上土生的可用刀挖取；对树枝上着生的，可用枝剪连同树枝一起剪取；对在树干上着生的，可用采集刀连同树皮一起切割；对石生的，须用锤子和凿子将所着生的石块敲打下来。

（2）叶状和枝状地衣的采集。这两类地衣，前者具有下皮层，后者植物体圆筒形，体表均具皮层。因此，以皮层上的假根和脐固着在基质上，与基质的结合不太紧密，容易剥离。采集时，不能用手抓（注意这是同学们常用的方法），要用刀从基质上轻轻剔剥下来，防止将地衣碰碎。

采集地衣标本，不受季节限制。因为除了有些不产生子囊果的种类外，一般地衣在一年四季都能产生子囊果和子囊孢子。因此，一年四季均可采集。

3. 记录

地衣标本采集后，放入小纸袋中，纸袋上写清采集号数，然后在采集记录册中进行记录。

地衣植物的标本制作与保存

地衣标本制作与保存比较容易。一般多用风干的方法，使标本自然干燥，然后放入小纸袋中保存。对于叶状和枝状地衣，也可以按照种子植物腊叶标本压制方法，用标本夹压干，装帧成腊叶标本保存。

知识点

子囊果

子囊果，为子囊菌类产生子囊的子实体。原子囊菌纲（半子囊菌纲）虽不形成子实体，但腔菌纲则形成假囊壳。在真子囊菌纲中，有的形成没有开口的闭囊果或是有开口的烧瓶形的子囊果即子囊壳（核菌纲）；有的形成子实层裸露的碗状子囊果即子囊盘（盘菌纲）。子囊壳或

子囊盘均单独产生，或是形成子座，多数产生在子座上。子囊果与担子果不同，是通过初级菌丝和次级菌丝形成的。

子囊果可分为：闭囊壳、子囊壳、子囊座、子囊盘。

延伸阅读

地衣的药用价值

中国自古就有用地衣中的松萝治疗肺病，用石耳来止血或消肿。李时珍在《本草纲目》中就记载了石蕊的药用价值，说它有和津润喉、解热化痰的功效。石耳不仅是山珍之一，而且具有抗癌作用。地茶和雪茶是中国陕西民间喜用的降压饮料。甘露衣是治疗肾炎的有效药物。

人们研究发现松萝酸、地衣硬酸以及地衣二酚的多种缩合物，在抗革兰阳性菌、尤其是在抗结核杆菌方面具有极高的活性。欧洲许多国家普遍使用地衣抗生素治疗新鲜的创伤和表面化脓性伤口。地衣抗生素对于结核性淋巴结炎、静脉曲张性和营养性溃疡、外伤性骨髓炎、烧伤、子宫颈糜烂和阴道滴虫症均有良好的疗效。同时发现大多数地衣多糖具有高度的抗癌活性，能通过增强健康细胞的免疫功能抑制癌细胞的增殖，并且还具有降血压、消炎、清热解毒等功能。从地衣中制备的石蕊是细菌鉴定和检疫工作中不可缺少的生物化学试剂。栎扁地衣的乙醇提取物——橡苔浸膏既是定香剂，又能提高香精的质量，因而成为日用化妆品中不可缺少的添加剂，在国际市场上享有盛名。实际上，扁枝衣属的其他一些种类如扁枝衣和柔扁枝衣以及某些树花衣均可作为浸膏的原料。

海洋生物标本

　　海洋生物是指海洋里的各种生物，包括海洋动物、海洋植物等，其中海洋动物包括无脊椎动物和脊椎动物。

　　无脊椎动物包括各种螺类和贝类；脊椎动物包括各种鱼类和大型海洋动物，如鲸、鲨鱼等。

　　海洋生物标本的制作，可以让人们更多地了解许多海洋生物的秘密，比如，通过标本，人们会看见会飞的鱼、有脚的鱼、能生孩子的海马爸爸等等。

　　海洋中生存的生物种类繁多，数量惊人，要想彻底了解它们，还需要同学们不断地努力和付出。

海洋生物生长的环境

海洋环境的特点

　　海洋环境与陆地环境相比，变化较小，稳定性强，这就为海洋生物的生存和发展提供了良好的条件。其特点如下：

　　（1）海水温度差别很小：海洋表面（海面到 30 米深处）温度的日变化，热带为 0.5℃～1℃，温带为 0.4℃，寒带为 1℃～2℃。300～350 米以下的海

水，其年温差更小。不同深度的水层生存着不同的生物。

（2）酸碱度相当稳定：海水的 pH 值一般维持在 8.0 ~ 8.3 之间。

（3）海水中养料丰富：海水中含有多种营养盐类，如硅酸盐是硅藻构成细胞壁不可缺少的成分，而硅藻又是沿海某些浮游动物和贝类的主要食料。

海洋环境的分区

根据地形和水深的不同，海洋环境可分为两大地区：一个是沿岸地区，它是指从海陆相接处到海底 200 米深的部分，又称大陆架；另一个是深海区，即指深度超过 200 米以下的所有区域。

（1）沿岸区：这个地区根据海水深度和物理化学特性的不同，又分为两个带：滨海带和浅海带。

①滨海带：指由高潮线到深约 50 米的地带，这一地带动植物种类较多。

②浅海带：指由 50 米到 200 米深的地带，这里动物种类较多，植物种类较少。

（2）深海区：这个地区根据水深和地形不同也分为两个带：倾斜带和深海带。

①倾斜带：指由 200 米至 2 440 米之间的地带，这里坡度较陡，也叫大陆坡。

②深海带：指由 2 440 米以下至最深的海域地带，这个地带的特点是水温低，海床柔软，环境稳定，但缺乏阳光，无植物生长，有少数动物均为肉食性。

潮间带和潮汐

（1）潮间带：最高潮（大潮涨潮线）与最低潮（大潮退潮线）之间露出的泥沙或石质的滩涂地带叫潮间带，实际上就是有潮水涨—落的地带。每当退潮时，潮间带海底露出水面，是进行海滨采集动物标本的主要场所。

大潮时，海水升至最高的界线称高潮线，海水落至最低的界线称低潮线。高潮线以上的部分称为潮上带，低潮线以下的部分称为潮下带；高潮线和低潮线之间便是潮间带。不论大潮还是小潮，都是在潮间带之间发生的。根据大小潮海水涨落的不同，潮间带又分低潮带、中潮带、大潮带。

①低潮带：低潮带大部分时间为海水所浸没，只有每月两次大潮的低潮期暴露于空气中。此带是我们采集标本的重要区域，由于它长时间被海水浸没，必然会造成良好的海洋性环境，因而动植物种类繁多，数量较大。

②中潮带：这个地带受风浪影响较大，尽管如此，动物分布的种类仍然不少，礁岩下、泥沙中、沙面上、凹洼处等都能找到动物的踪迹。

③高潮带：高潮带大部分时间暴露在空气中，仅在每月两次大潮期间才为海水所浸没，因而这个地带的动物种类较少，只有那些能抵抗日光曝晒、干旱、温度剧变的动物能在这里生存下去，像牡蛎、紫贻贝、藤壶等具有特殊保护性坚硬外壳的动物可在这个地带被找到。

（2）潮汐：潮汐是由于月球、太阳对地球各处引力不同所引起的海水水位周期性的涨落现象。世界上大多数地方的海水，每天都有两次涨落：白天海水的涨落叫做"潮"，晚上海水的涨落叫做"汐"。平时我们"潮""汐"不分，都叫做"潮"。

知识点

海 洋

海洋面积约 362 000 000 平方千米，约占地球表面积的 71%。海洋中含 13.5 亿多万立方千米的水，约占地球上总水量的 97%。全球海洋一般被分为数个大洋和面积较小的海。五个主要的大洋为太平洋、大西洋、印度洋、北冰洋、南冰洋（注：中国大陆认为太平洋、印度洋、大西洋一直延续到南极洲，故不存在南冰洋一说），大部分以陆地和海底地形线为界。

延伸阅读

海和洋的区分

广阔的海洋，从蔚蓝到碧绿，美丽而又壮观。海洋，海洋，人们总是这样说，但好多人却不知道，海和洋不完全是一回事，它们彼此之间是不相同的。那么，它们有什么不同，又有什么关系呢？

洋，是海洋的中心部分，是海洋的主体。世界大洋的总面积，约占海洋面积的89%。大洋的水深，一般在3 000米以上，最深处可达1万多米。大洋离陆地遥远，不受陆地的影响。它的水温和盐度的变化不大。每个大洋都有自己独特的洋流和潮汐系统。大洋的水色蔚蓝，透明度很大，水中的杂质很少。世界共有五大洋，即太平洋、印度洋、大西洋、北冰洋和南冰洋。

海，在洋的边缘，是大洋的附属部分。海的面积约占海洋的11%，海的水深比较浅，平均深度从几米到2~3千米。海临近大陆，受大陆、河流、气候和季节的影响，海水的温度、盐度、颜色和透明度，都受陆地影响，有明显的变化。夏季，海水变暖，冬季水温降低；有的海域，海水还要结冰。在大河入海的地方，或多雨的季节，海水会变淡。由于受陆地影响，河流夹带着泥沙入海，近岸海水混浊不清，海水的透明度差。海没有自己独立的潮汐与海流。海可以分为边缘海、内陆海和地中海。边缘海既是海洋的边缘，又是临近大陆前沿；这类海与大洋联系广泛，一般由一群海岛把它与大洋分开。我国的东海、南海就是太平洋的边缘海。内陆海，即位于大陆内部的海，如欧洲的波罗的海等。地中海是几个大陆之间的海，水深一般比内陆海深些。世界主要的海接近50个。太平洋最多，大西洋次之，印度洋和北冰洋差不多，南冰洋最少。

海洋无脊椎动物

海 绵

海 绵

日本矶海绵：单轴目，寻常海绵纲。这是一种常见的沿海无脊椎动物。它主要长在海滨潮线的岩礁上，退潮时可在岩石低凹积水处找到。

日本矶海绵通常成片生长，群体如丛山状，主要呈黄色，也有橙赤色的。

在海港码头环境中，还生活着毛壶和指海绵等海绵动物，它常附着于浮木、浮标及旧船底上。

腔肠动物

1. 绿疣海葵：珊瑚纲，六放珊瑚亚纲，海葵目，海葵科。

绿疣海葵固着在岩石缝中或岩石上，体壁为绿色或黄绿色，口部淡紫色，有一对红斑。生活状态时，位于口周围环生的 5 圈触手伸长，颜色呈浅黄色或淡绿色，像一朵盛开的葵花，非常美丽。涨潮时触手完全伸出，借以捕捉食物；退潮或受到外界刺激时触手和身体马上收缩成球形。

2. 星虫状海葵：珊瑚纲，六放珊瑚亚纲，海葵目，爱氏海葵科。

星虫状海葵固着在泥沙中的小石块和贝壳上，体细长，呈蠕虫形，因触手收缩时形似星虫而得名。体呈黄褐色或灰褐色，触手为黄白色或灰褐色。在水中自然状态下，触手展开于泥沙表面，受刺激时缩入泥沙中。

腔肠动物

3. 钩手水母：钵水母纲，淡水水母目，花笠水母科。

钩手水母在丛生的海草中营自由漂浮的生活，伞稍低于半球形，伞径7～11 毫米，伞高 4～6 毫米，伞缘有触手45～70 个。

4. 海月水母：钵水母纲，旗口水母目，洋须水母科。

海月水母在海水中营漂浮生活，体呈伞形，伞缘有许多触手，伞的下面有口，口周围有 4 个口腕。生殖腺4 条，马蹄形。海月水母为乳白色，雄性生殖腺呈粉红色，雌性为紫色。

5. 薮枝螅：水螅纲，被芽螅目，钟螅科。

附着于海藻、海港浮木或其他物体上，营群体生活，有的种类高达20～40 毫米。

扁形动物

平角涡虫：涡虫纲，多肠目，平角涡虫科。平角涡虫多生活于高低潮线

间的石块下面。体扁平，叶状，略呈椭圆形，前端宽圆，后端钝尖。体灰褐色，腹面颜色较浅。

环节动物

1. 巢沙蚕：多毛纲，游走亚纲，欧努菲虫科。

巢沙蚕在沙滩或泥沙滩营管栖生活。管为膜喷，表面嵌有贝壳碎片和海藻等，下部布满沙粒，管的上部约20毫米露在沙外，平时巢沙蚕在管的上部活动，受震动后，迅速下行，通过管下方的开口进入泥沙深处。虫体一般较大，体呈褐色闪烁珠光，鳃为青绿色。

2. 磷沙蚕：多毛纲，游走亚纲，磷沙蚕科。

磷沙蚕栖息在泥沙内的"U"形管中，退潮后，在沙滩表面露出高约1～2厘米。相距60厘米左右的两个白色革质管口。用手捏闭一个管口，再轻轻压挤被封闭的管口数次，然后放开手，可看到另一管口缓慢流水，这就是磷沙蚕的栖息地点。

3. 柄袋沙蠋：多毛纲，隐居亚纲，沙蠋科。

柄袋沙蠋栖息于细沙底质，在"U"形管状的穴道中生话，穴口之间距离为200～300毫米。体呈圆筒形，前端粗，后端细，形似蚯蚓，故俗称海蚯蚓。活着时体色鲜艳，为褐或绿褐色，其上有闪烁的珠光；鳃为鲜红色，刚毛为金黄色。

4. 埃氏蜇龙介：多毛纲，隐居亚纲，蜇龙介科。

虫体生活于弯曲的石灰质管中，外面常附有许多砂粒，栖管则固着于岩石缝、石块下或贝壳上，常常是许多个管子缠绕在一起。虫体前端较粗，后端较细。

软体动物

1. 红条毛肤石鳖：石鳖目。

红条毛肤石鳖生活在潮间带中下区至数米深的浅海，足部相当发达，通常以宽大的足部和环带附着在岩礁、空牡蛎壳和海藻上，用齿舌刮取各种海藻。退潮后吸附在岩石上。身体呈长椭圆形，壳板较窄，暗绿色，中部有红色纵带。

2. 螺类（腹足类）。

（1）锈凹螺：腹足纲，前鳃亚纲，原始腹足目，马蹄螺科。

锈凹螺生活在潮间带中下区，退潮后常隐藏在石块下或石缝中，以海藻为食，是海带、紫菜等经济养殖业的敌害。贝壳圆锥形，壳质坚厚；壳口呈马蹄形，外唇薄内唇厚。

软体动物

（2）朝鲜花冠小月螺：腹足纲，前鳃亚纲，原始腹足目，蝾螺科。

朝鲜花冠小月螺生活在潮间带中区的岩石间，贝壳近似球形，壳质坚固而厚，过去称这种螺为蝾螺。

（3）皱纹盘鲍：腹足纲，前鳃亚纲，原始腹足目，鲍科。

皱纹盘鲍栖息于潮下带水深 2~10 米左右的地方，用肥大的足吸附在岩礁上。贝壳扁而宽大；椭圆形，较坚厚。这种动物以褐藻、红藻为食，也吞食小动物，常昼伏夜出，肉肥味美，是海产中的珍品。贝壳（又称石决明）可以入药，也可以做工艺品。

（4）短滨螺：腹足纲，前鳃亚纲，中腹足目，滨螺科。

短滨螺常在高潮线附近的岩石上营群居生活，成群地栖息在藤壶空壳或石缝中，而它自己的空壳又往往为小型寄居蟹所栖息。贝壳小型，呈球状，壳质坚厚，壳顶尖小，常为紫褐色。这种动物能用肺室呼吸、有半陆生和半水生性质。

（5）古氏滩栖螺：腹足纲，前鳃亚纲，中腹足目，江螺科。

古氏滩栖螺生活于潮间带高潮线附近的泥沙滩中，退潮后在沿岸有水处爬行。贝壳呈长锥形，壳质坚硬，可供烧石灰用。

（6）扁玉螺：腹足纲，前鳃亚纲，中腹足目，玉螺科。

扁玉螺生活在潮间带到浅海的沙或泥沙滩上，以发达的足在沙面上爬行，爬过的地方留下一道浅沟。能潜于沙内 7~8 厘米处，捕食竹蛏或其他贝类。贝壳为扁椭圆形，壳宽大于壳高。肉可食用，壳为贝雕工艺的原料。

（7）脉红螺：腹足纲，前鳃亚纲，狭舌目，骨螺科。

脉红螺生活在潮下带数米或十余米深的浅海泥沙底，能钻入泥沙中，捕食双壳贝类。贝壳大，略呈梨形，壳质坚厚，壳表面呈黄褐色，具棕褐色斑

香　螺

带。肉味鲜美，可做罐头，但它是肉食性动物，为贝类养殖业的大敌。

（8）香螺：腹足纲，前鳃亚纲，狭舌目，蛾螺科。

香螺生活于潮下带至七八米深的泥沙质海底，在潮间带内很少发现。贝壳大，近似菱形，壳质坚厚，壳表面为黄褐色并被有褐色壳皮。贝壳表面常附着苔藓虫、龙介虫、海绵、牡蛎等动物。因其体大而肉肥味美，故有香螺之美称。

3. 双贝壳类（瓣鳃类）。

（1）毛蚶：瓣鳃纲，列齿目，蚶科。

毛蚶生活于低潮线以下的浅海，水深为 4～20 米的泥沙质海底并稍有淡水流入的环境中。贝壳呈卵圆形，两壳不等，右壳稍小，壳质坚厚而膨胀，壳表面白色，被有棕色带茸毛的壳皮，故名毛蚶。

（2）魁蚶：瓣鳃纲，列齿目，蚶科。

魁蚶生活于潮下带 5 米至数十米浅海的软泥或泥沙质海底，退潮后在沙面上有 2 个似向日葵种子形的孔，长约 1 厘米，尖端相对。贝壳大型，斜卵形，左右两壳相等。壳表面白色，被有棕色壳皮及细毛，极易脱落，魁蚶是经济贝类。

（3）紫贻贝：瓣鳃纲，异柱目，贻贝科。

紫贻贝生活在潮间带中下区以及数米深的浅海，常营群居生活，大量黑紫色的贻贝成群地以足丝固着于岩石缝隙以及其他物体上。贝壳楔形，壳质较薄，壳顶决，壳表面呈黑紫色或黑褐色并有珍珠光泽。有时大量紫贻贝附生于工厂冷却水管内和船底下，能造成堵塞管道和影响生产的后果。肉味鲜美，经济价值很高，俗称"海红"。

（4）栉孔扇贝：瓣鳃纲，异柱目，扇贝科。

栉孔扇贝也称"干贝蛤"，栖息在浅海水流较急的清水中，自低潮线附近至 20 余米深处的海底。以足丝附着在海底岩石或贝壳上，移动时足丝脱落，藉两扇贝壳的急剧闭合击水前进。停留后，足丝又很快生出，附着在外物上。扇贝的上壳即左壳表面，常附着一些藤壶、苔藓虫和螺旋虫等小型管栖环虫。贝壳扇形，两壳大小几乎相等。壳面颜色差异较大，有紫褐色、橙红色、杏黄色或灰白色，有的色泽鲜艳，十分美丽。贝壳可作为工艺品观赏，肉可供食用。

（5）褶牡蛎：瓣鳃纲，异柱目，牡蛎科。

在潮间带中上区岩石上，褶牡蛎分布最多。贝壳小，多为长三角形。左壳较大，较凹；右壳较平，稍小。壳表面多为淡黄色，杂有紫黑色或黑色条纹。左壳表面突起，顶部附着在岩石上，附着面很大。肉味美，可食用。

（6）中国蛤蜊：瓣鳃纲，真瓣鳃目，异齿亚目，蛤蜊科。

中国蛤蜊生活在潮间带中下区及浅海海底，海水盐度较高、潮流通畅、底质沙清洁的地区。贝壳近似三角形，腹缘椭圆，壳质坚厚，两壳侧扁。壳表面光滑，有黄褐色壳皮，壳顶处常剥蚀成白色。肉可食用，贝壳可做烧石灰的原料。

（7）长竹蛏：瓣鳃纲，贫齿亚目，竹蛏科。

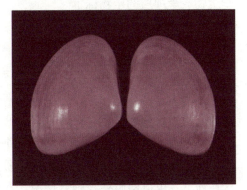

蛤 蜊

长竹蛏在潮间带的泥沙滩中穴居，能潜入沙内约 20～40 厘米深处。贝壳狭长，如竹筒形，壳长约为壳高的 6～7 倍。壳薄脆，表面光滑，壳皮黄褐色，壳顶周围常剥落成白色。肉味鲜美，产量也大，沿海居民常用竹蛏肉包饺子。长竹蛏是我国主要经济海产动物之一。

节肢动物

1. 白脊藤壶：甲壳纲，蔓足亚纲，围胸目，藤壶科。

白脊藤壶栖息于潮间带并常附着于岩石、贝壳，码头、浮木和船底上。在我国北方，因其能耐受长期干燥，适于低盐度地区，故与小藤壶一起成为潮间带岩岸的优势种，数量十分可观。壳呈圆锥形或圆筒形，壳板有许多粗细不等的白色纵肋，因壳表面常被藻类侵蚀，因此纵肋有时模糊不清。

2. 蛤氏美人虾：甲壳纲，蔓足亚纲，十足目，爬行亚目，美人虾科。

蛤氏美人虾常穴居在沙底或泥沙底的浅海或河口附近，一般生活在潮间带的中下区。体长约25～50毫米，头胸部圆形，稍侧扁。体无色透明，甲壳较厚处呈白色，它的消化腺（黄色）和生殖腺（雌者为粉红色）均可从体外看到。因看上去很美，故有美人虾之称。肉较少，无大的经济价值，一般作为观赏动物。

3. 日本寄居蟹：甲壳纲，蔓足亚纲，十足目，爬行亚目，寄居蟹科。

这种动物寄居在空的螺壳中，头胸部较扁，柄眼长，腹部柔软。躯体与螺壳的腔一样，呈螺旋状。腹足不发达，用尾足及尾节固持身体在壳内。体色多为绿褐色。小型寄居蟹在沿海沙滩上数量极大，也很好采到，所以是中学生物教学理想的生物标本。

4. 豆形拳蟹：甲壳纲，蔓足亚纲，十足目，爬行亚目，玉蟹科。

豆形拳蟹生活于浅水或泥质的浅海底，潮间带的平滩上也常能见到。退潮后，多停留于沙岸有水处。爬行迟缓，遇到刺激时螯足张开竖起，用以御敌。头胸甲呈圆球形，十分坚厚，表面隆起，有颗粒，长度稍大于宽度。体背面呈浅褐色或绿褐色，腹面为黄白色。

5. 三疣梭子蟹：甲壳纲，蔓足亚纲，十足目，爬行亚目，梭子蟹科。

三疣梭子蟹生活在沙质或泥沙底质的浅海，常隐蔽在一些障碍物边或潜伏在沙下，仅以两眼外露观察情况，在海水中的游泳能力很强。退潮时，在沙滩上留有许多幼小者，一遇刺激即钻入泥沙表层。头胸甲呈梭形，雌性个体比雄性个体大，螯足发达。生活状态时呈草绿色，头胸甲及步足表面有紫色或白色云状斑纹。肉肥厚，味鲜美，产量高，是我国重要的经济蟹类。

6. 绒毛近方蟹：甲壳纲，蔓足亚纲，十足目，爬行亚目，方蟹科。

这种动物生活在海边的岩石下或石缝中，有时在河口泥滩上栖息。在潮间带中，以上中区为多。甲壳略呈方形，前半部较后半部宽；螯足内外面近两指的基

三疣梭子蟹

部有一丛绒毛，尤以内面较多而且密，故得名为绒毛近方蟹。

7. 宽身大眼蟹：甲壳纲，蔓足亚纲，十足目，爬行亚目，沙蟹科。

宽身大眼蟹居于泥滩上，喜欢栖息在潮间带接近低潮线的地方。退潮后，常出穴爬行，速度很快，眼柄竖立，眼向各方瞭望，遇敌时急速入穴，穴口长方形。头胸甲也呈长方形，宽度约为长度的 2.5 倍，前半部明显宽于后半部。生活时，体呈棕绿色，腹面及蟹足呈棕黄色。经济价值不大。

腕足动物

海豆芽：腕足动物门，无铰纲，海豆芽科。

海豆芽常栖息于潮间带中区低洼处，外形似豆芽，故名。贝壳扁长方形，壳较薄且略透明，同心生长线明显。壳呈绿褐色，壳周围有由外套膜边缘伸出的刚毛。柄为细长圆柱形，直径越向后端越细，后端部分能分泌黏液，以固着在泥沙中。

棘皮动物

1. 砂海星：海星纲，显带目，砂海星科。

砂海星栖息在水深 4~50 米的沙、沙泥和沙砾底，体形较大，呈五角星状。腕 5 个，脆而易断。生活状态时，反口面为黄褐到灰绿色，有纵行的灰色带；口面为橘黄色。

2. 海燕：海星纲，有棘目，海燕科。

海燕常栖息在潮间带的岩礁底，有时生活在沙底。体呈五角星形，腕很短，通常 5 个，也有 4 或 6~8 个的。体盘很大，体色美丽，反口面为深蓝色或红色，或者两色交错排列；口面为橘黄色。晒干后，可用做肥料或饵料。

3. 陶氏太阳海星：海星纲，有棘目，太阳海星科。

生活于 25 米以下深水中的泥沙底，渔民出海作业时，常随网捕捞上来。体为多角星形，体盘大而圆。腕基部宽，末端尖，

海　星

QUWEI SHENGWU BIAOBEN

有 10~15 条，多数为 11 条。体色鲜艳，反口面为红褐色，口面为橙黄色或灰黄色。

4. 多棘海盘车：海星纲，钳棘目，海盘车科。

这种动物多生活在潮间带到水深 40 米的沙或岩石底。体扁平，反口面稍隆起；口面很平。体盘宽，腕 5 个，基部较宽，末端逐渐变细，边缘很薄，体黄褐色。

5. 马粪海胆：海星纲，拱齿目，球海胆科。

马粪海胆生活在潮间带到水深 4 米的砂砾底和海藻繁茂的岩礁间，常藏身在石块下和石缝中，以藻类为食，可损害海带幼苗，是养殖藻类的敌害。外壳半球形，很坚固，壳表面密生有短而尖的棘。壳呈暗绿色或灰绿色；棘的颜色变化很大，最普通的是暗绿色，有的带紫色、灰红、灰白或褐色。

6. 刺参：海参纲，楯手目，刺参科。

海参生活在波流静稳、无淡水注入、海藻繁茂的岩礁底或细泥沙底。夏天，当水温超过 20℃ 时，便开始夏眠而潜伏在水深处的石块下。海参的身体呈圆筒形。体长一般约 20 厘米，背面隆起有 4~6 行大小不等、排列不规则的肉刺。体色一般为栗褐色或黄褐色，还有绿色或灰白色；腹面颜色较浅。因海参含有大量蛋白质，所以是营养价值很高的海味，也可以入药。

7. 海棒槌：海参纲，芋参目，芋参科。

海棒槌生活在低潮线附近，在沙内穴居，穴道呈"U"字形，身体横卧于沙内。体呈纺锤形，后端伸长成尾状，外观似老鼠，所以俗名海老鼠。体柔软，表面光滑，呈肉色或带灰紫色；尾状部分带横皱纹。

海 参

知识点

刺　身

　　刺身是来自日本的一种传统食品，最出名的日本料理之一，它将新鲜的鱼（多数是海鱼）、乌贼、虾、章鱼、海胆、蟹、贝类等肉类利用特殊刀工切成片、条、块等形状，蘸着山葵泥、酱油等作料，直接生食。中国一般将"刺身"叫做"生鱼片"，因为刺身原料主要是海鱼，而刺身实际上包括了一切可以生吃的肉类，甚至有鸡大腿刺身、马肉刺身、牛肉刺身。在20世纪早期冰箱尚未发明前，由于保鲜原因，很少有人吃，只在沿海比较流行。

延伸阅读

无脊椎动物的神经系统

　　无脊椎动物的神经系统没有脊椎动物的神经系统那么复杂多样。从最原始的神经细胞，到神经细胞集合成为神经节，到后来大脑的形成。其形式由弥散的神经网到有序的神经链，到中枢和梯状神经系统的出现，也经历了一个由简单到复杂的过程。

　　感觉器官由刺胞动物的感觉棍（有视觉和重力觉），经过扁形动物头部神经细胞群集形成的"眼"，到昆虫的复眼和头足动物，例如乌贼的眼（是由外胚层形成），分辨率不断上升。这更有利于动物逃避敌害和捕食。

▌▌▌海洋无脊椎动物标本的采集

采集时间

采集和观察动物的最佳时间是农历朔（初一）和农历望（十五）后1~

QUWEI SHENGWU BIAOBEN

2 日，每天采集的最好时间是在大潮的低潮前后 1~2 小时。

采集地带

采集和观察动物的最好地带是低潮线以上的潮间带，尤其是下带，这里海滨动物分布丰富，是采集海洋无脊椎动物的重要区域。潮汐引起的潮流不仅扩大了水体和空气的接触面，增加了氧气的吸收和溶解，而且随着它冲来的一些有机碎屑又为海滨动物提供了营养，所以当大潮的低潮线暴露出来时，我们要抓紧时间，适时采集。

采集的注意事项

1. 了解海洋知识，安全第一

采集前，应广泛查阅有关海洋和海洋生物的资料，懂得一些潮汐的知识，了解涨潮、落潮的规律，以免潮水变化时惊慌失措。采集中如遇不认识的动物，不要轻易下手触摸，最好用工具采取或及时请教指导教师，防止被有毒动物伤害。如果是集体采集，应加强组织纪律性，严格按照指导教师的要求去做，不要擅自离队独自行动，避免发生意外。

2. 做好物质准备，爱护用具

采集前，应把采集用的工具、药品、器皿、新鲜海水等准备妥当，同时还要配制好临时处理动物的药水。采集中转移地点时，应仔细检查所带用具是否齐全，避免丢失。对于铁器用具，采集归来后应及时洗净擦干，以备下次使用。

3. 保护生态环境，适量采集

初到海边的人，往往会对大海产生强烈的新奇感，兴之所至，有可能不顾一切，见到动物就采集，这种心情可以理懈。但是，采集者不应忘记保护生态环境，保护海洋生物资源。应该强调重视观察，多看动物的生活状态，有条件的还可以拍些动物照片。采集时要重视质量而不要过分追求数量。在采集中翻动过的石块或拨挑过的海藻等，要尽可能把它们恢复原状，以免破坏其他动物原来的生存条件。

4. 妥善处理标本，及时记录

采集来的标本应分门别类放置在不同的瓶、管、桶、碗、杯中，并及时用不怕浸湿的纸料注明采集日期、地点、编号及采集者，养成细致、严谨的科学作风。

采集工具

1. 器械

手持放大镜：用于观察动物较微细的结构。

解剖器：包括解剖剪、解剖镊、解剖刀、解剖针。

解剖盘：整理固定动物标本之用。

搪瓷盘：用于整理标本和培养动物。

注射器：5 毫升或 10 毫升各若干个。

注射针头：5 号、6 号、7 号各若干个。

量筒：100 毫升，配药用。

量杯：1 000 毫升，配药用。

培养皿：大、中、小号，用于培养小动物。

烧杯：1 000 毫升，培养、麻醉、固定小动物。

广口瓶：棕色和白色各若干个，用于装标本。

吸管：吸取小型动物。

2. 用具

毛笔：刷取小动物。

铁锹：挖底栖动物。

铁铲：挖泥沙中的动物。

铁锤和铁凿：用于凿出固着在岩石上的动物。

小铁片刀：采刮附着在岩石上的小型动物。

塑料桶：盛标本。

塑料碗：捞取小型水母。

塑料袋：装标本用。

知识点

潮间带

　　潮间带即是指大潮期的最高潮位和大潮期的最低潮位间的海床，也就是海水涨至最高时所淹没的地方开始，至潮水退到最低时露出水面的范围。潮间带以上，海浪的水滴可以达到的海岸，称为潮上带。潮间带以下，向海延伸至约30米深的地带，称为亚潮带。

延伸阅读

无脊椎动物的出现时间

　　无脊椎动物的出现至少早于脊椎动物1亿年。大多数无脊椎动物化石见于古生代寒武纪，当时已有节肢动物的三叶虫及腕足动物。随后发展了古头足类及古棘皮动物的种类。到古生代末期，古老类型的生物大规模灭绝。中生代还存在软体动物的古老类型（如菊石），到末期即逐渐灭绝，软体动物现代属、种大量出现。到新生代演化成现代类型众多的无脊椎动物，而在古生代盛极一时的腕足动物至今只残存少数代表（如海豆芽）。

无脊椎动物标本制作

浸制标本制作法

1. 制作原则

（1）麻醉标本前，必须先用海水把容器刷洗干净，切不可用淡水刷洗，否则做出的标本效果不好，同时还需将动物体上的泥沙、碎草等污物杂质用海水洗掉。

（2）为使麻醉工作顺利进行，避免动物因受过分刺激、强烈收缩而影响标本的质量，必须做到以下3点：

①认真、细致、耐心地将采回的标本放在盛有新鲜海水的容器中培养一段时间，使之稳定、安静并表现出正常的自然生活状态。

②在麻醉过程中，麻醉剂应分几次慢慢放入，使动物在没有刺激感觉的情况下昏迷过去。如果发现动物体或触手强烈收缩，说明麻醉剂放入过量，可用更换新鲜海水的方法使它恢复自然状态。此法有时见效，有时则无效，所以还是以小心谨慎逐渐麻醉为好。

③用于麻醉的容器应放在光线较暗、安全可靠的地方，不要随意乱放，以免因不慎碰撞而引起震响，影响动物的麻醉。

2. 制作方法

（1）多孔动物门

①日本矶海绵：用5%或7%的福尔马林杀死，装瓶保存。此法仅用来制作供观察外形用的标本。

②毛壶：浸入70%酒精中装瓶保存即可。

（2）腔肠动物门

①黄海葵：因其反应比较迟钝，触手充分张开后，除遇强刺激外一般收缩不明显，故处理比较容易。处理方法是：海水培养，使触手充分张开，用薄荷脑或硫酸镁麻醉后放入5%的福尔马林溶液中固定，取针线穿入黄海葵躯体中部，并绑在玻璃片上；放入盛有5%福尔马林溶液的标本瓶中保存。

②绿疣海葵

方法一：

A. 在盛有新鲜海水的1 000毫升大烧杯中放入绿疣海葵一个，静置，使触手全部张开呈自然状态。

B. 用0.05% ~0.2%的氯化锰溶液慢慢加进烧杯中，麻醉约40~60分钟（麻醉用药的浓度及麻醉时间视海葵的大小而定）。

C. 海葵全部麻醉后，用吸管将甲醛加到海葵的口道部分，至甲醛浓度达到7%时，固定3~4小时。

D. 固定后转入5%福尔马林溶液中保存。

方法二：

A. 海水培养，使海葵触手张开呈自然状态。

B. 将 10 毫升酒精加 10 克薄荷脑配成混合液，滴 3 滴于培养器皿中。以后每隔 15 分钟滴一次，剂量逐次增加。如此处理约 45 分钟。

C. 用硫酸镁饱和溶液每 15 分钟滴一次，时间间隔逐次缩短，约 2 小时完成。

D. 用 10% 福尔马林液注入动物体（根据海葵的大小分别注入 5 毫升、10 毫升、15 毫升不等）。

E. 用 5% 福尔马林液浸泡固定、保存。

方法三：

A. 海水培养，使海葵触手张开呈自然状态。

B. 撒一薄层薄荷脑结晶于水面，或用纱布包薄荷脑并用线缠成小球轻轻放在水面上；向海葵触手基部投入硫酸镁，药量逐渐增加，直至海葵完全麻醉。

C. 取出薄荷脑，注入纯福尔马林液至福尔马林含量达 7% 为止。

D. 3 ~ 4 小时后，取出海葵放入 5% 福尔马林液中保存。

③钩手水母

方法一：

A. 将钩手水母放入盛有海水的烧杯中，静置。待触手全部伸展后，在水面上撒薄薄一层薄荷脑。麻醉时间约 2 分钟。

B. 将动物体转入 70% 福尔马林液中固定 20 分钟。

C. 取带有软橡皮塞的小药瓶一个，瓶内存放 5% 福尔马林液，供保存标本使用。

D. 取一根细白线，一头固定在瓶盖上，另一头穿过动物躯体正中并打结，尔后将动物放入保存瓶内，盖严瓶塞。

方法二：

A. 将动物放入盛有海水的瓶中，静置，使触手全部伸展。

B. 加入 1% 硫酸镁，麻醉约 10 ~ 20 分钟。

水　母

C. 转入7%福尔马林液中杀死动物，约需24小时。

D. 再转入新的5%的福尔马林液中保存。

④海月水母

A. 将动物放入盛有海水的瓶中，静置，使触手全部伸展。

B. 用纱布包裹硫酸镁并置于水面，麻醉6～8小时。

C. 用滴管向瓶内滴入少量98%酒精，杀死动物。

D. 移入5%福尔马林液中保存。

⑤薮枝螅

A. 将动物（数量不宜过多）放入盛有新鲜海水的容器内静置，使动物身体全部放松成自然状态。

B. 慢慢加入1%硫酸镁，麻醉动物。

C. 放进纯福尔马林液至浓度达7%，杀死动物。

D. 移至5%福尔马林液中装瓶保存。

⑥海仙人掌

A. 用大头针弯成小钩，钩住动物的柄端，倒挂在容器内。容器要比动物长3～4倍。

B. 放入薄荷脑麻醉24小时。

C. 用5%福尔马林杀死，保存。

（3）扁形动物门

以平角涡虫为主，其制作方法有两种。

方法一：

A. 将动物放入盛有新鲜海水的容器内静置，待其完全伸展成自然状态时，在水面撒薄荷脑麻醉，时间约3小时。

B. 移入7%福尔马林液中杀死动物，时间约需3～5分钟。

C. 用毛笔将动物挑在一张湿的滤纸上，放平展开，再盖上一层纸，并放几片载玻片压住。

海仙人掌

D. 放进7%福尔马林液中，约12小时后去掉纸。

E. 移入5%福尔马林液中保存。

方法二：

A. 让涡虫饥饿24小时，使肠内食物全部消化。

B. 取两张玻璃片，在一张玻璃片上放涡虫，用吸管滴上少量水，使涡虫安定。

C. 再用吸管吸取由10毫升37%福尔马林液、2毫升冰醋酸、30毫升蒸馏水配制的冰醋酸固定液，滴在涡虫上。

D. 迅速用另一张玻璃片盖住涡虫体，将它夹在两张玻璃片中间。这样得到的涡虫标本将不致发生卷缩现象。

E. 放入5%福尔马林液中保存。

（4）环节动物门

巢沙蚕、磷沙蚕、柄袋沙蠋和龙介等环节动物的标本制作方法基本相同。

方法一：

A. 将动物放入盛有新鲜海水的浅盘中，静置，使动物完全伸展。

B. 用薄荷脑麻醉动物约8小时。

C. 将动物放入7%福尔马林液中杀死，约30分钟后取出整形。

D. 8小时后移入5%福尔马林液中保存。

方法二：

A. 将动物放入盛有新鲜海水的浅盘中，静置，使动物完全伸展。

B. 往容器内加注淡水，注入量为原有水量的一半。以后每过1小时加进等量的淡水，约需加3~4次。

C. 接着每隔20分钟加进一次饱和食盐水，每次加入量为原水量的5%，约需加4~5次。

D. 最后移入5%福尔马林液中保存。

制作时，需注意两点：第一，一些较大的环节动物如沙蠋，被杀死后需向体内注入适量的10%福尔马林液，以防止体内器官腐烂。第二，管栖的环节动物如磷沙蚕、巢沙蚕、龙介等，处理前应使虫体从柄管中露出并与柄管分开，有时连同柄管一起保存于同一标本瓶中。

（5）软体动物门

①石鳖：石鳖受刺激时躯体常向腹面卷曲，壳板露在外面借以自卫，所以处理标本时，应格外小心。处理方法是：

A. 将动物放入盛有海水的玻璃容器中，静置，使其完全伸展。

B. 用酒精或硫酸镁麻醉 3 小时。

C. 将动物移入 10% 福尔马林液中杀死，时间约半小时。

D. 再将动物取出放在另一玻璃器皿中，使体背伸直并压上几张载玻片，用原先的 10% 福尔马林液倒入固定，时间约 8 小时。

E. 最后移入 7% 福尔马林液中保存。

②腹足类和瓣鳃类

这两类动物标本的制作方法大致相同，现简介如下：

A. 生态标本：

将螺类和贝类分别装入玻璃瓶中，加满海水，不留空隙，盖紧瓶盖。

待腹足类头部与足部伸出壳口、瓣鳃类双壳张开并伸出足时（约需 12～24 小时），立即倒入 10% 福尔马林溶液固定，时间约 20 小时。

移入盛有 5% 福尔马林液的标本瓶中保存。

ⓑ整体标本：

用清水洗净螺类或贝类标本，把贝壳较薄、有光泽的和贝壳较厚、无光泽的分开，前者只能用酒精杀死固定，后者用酒精和福尔马林均可达到目的。

用 10% 福尔马林或酒精杀死固定，时间约 10 小时。

移入 5% 福尔马林液或 70% 酒精中保存。

C. 解剖标本

大型螺类的解剖标本：温水闷死动物；用 10% 福尔马林液固定，移入 5% 福尔马林液中保存。

大型双壳贝类的解剖标本：用温水闷死动物，或用薄荷脑、硫酸镁等麻醉 2～8 小时，待贝壳张开后，往其中夹进一木块以支撑两贝壳，再用 10% 福尔马林液杀死动物，向动物内脏中注射固定液（固定液用 9% 酒精 50 毫升、蒸馏水 40 毫升，冰醋酸 5 毫升、福尔马林 5 毫升配制）；最后保存在 85% 酒精或 5% 福尔马林液中。

（6）节肢动物门

①藤壶

A. 将藤壶放入盛有新鲜海水的玻璃容器中培养，可见其蔓足不停地上下活动。

B. 在水面加薄荷脑或硫酸镁麻醉，至蔓足停止不动，约需 4 小时。

C. 将动物放入 7% 福尔马林液中杀死固定，约 3 小时。

D. 保存在70%酒精中。

②虾、蟹等各种节肢动物

一般可直接用7%福尔马林液杀死固定，半小时后取出整形，然后放入5%福尔马林液中保存。

干制标本制作法

1. 制作原则

制作标本前，一定要用淡水清洗掉动物身上的盐分，以免出现皱裂，影响标本效果。

2. 制作方法

（1）海绵动物

将用酒精或福尔马林液杀死的动物标本固定一天后取出，放在通风处晾干。

（2）软体动物

①螺类

A. 用开水杀死动物，除去内脏和肉体。

B. 将介壳冲洗干净，而后晾干。

C. 摆放在贴有绒纸的木板盒中，用乳胶逐个粘贴于绒纸上，并分别写上分类地位及名称。

注意：因前鳃类动物的厣是分类学中鉴别种类的特征之一，所以在制作这类动物的介壳标本时，必须用棉花或纸、碎布将空壳填满，然后把厣贴在壳口处，借此将厣与贝壳同时保存起来。

②双壳贝类

A. 用开水烫动物体时，双壳张开，尽快取出动物体内的肉及内脏。

B. 将两壳洗净，趁壳未干用线将其缠好。

C. 阴干后将线拆除，保存。

D. 软体动物的螺类和贝类的干制标本可以利用各种手段进行艺术加工，使其既不失去生物标本的意义又美观生动，从而加强生物标本的感染力。

（3）棘皮动物

海胆、海星、海燕、海盘车等棘皮动物均可先用淡水洗去动物体上的盐分，然后放在阳光下直晒，使水分迅速蒸发，以防止腐烂。晒干后，动物的干制标本便做成了。根据我们的经验，制作棘皮动物的干制标本时，也可将动物体直接用纱布或棉花包裹好，放在通风处阴干。

棘皮动物的干制标本有一些缺点，例如，海胆的棘极易被碰掉，海燕美丽鲜艳的自然色彩会变得灰蒙蒙的分辨不清，等等。

玻片标本制作法

1．制作原则

凡具有石灰质结构的动物，都不宜用福尔马林液杀死固定，因石灰质容易被蚁酸侵蚀；一般用酒精来杀死这类动物。

2．制作方法

以海绵动物骨针玻片标本的制作为例：用80%～90%的酒精将矶海绵杀死，存放在70%～80%的酒精中。在制作骨针玻片标本前，先把矶海绵标本从酒精中取出，放进5%氢氧化钾溶液烧煮几分钟，海绵骨针便可散开，接着加蒸馏水待骨针下沉，倒去上面的液体即可得到骨针，用70%的酒精保存。最后用树胶装盖制片，所得的骨针玻片标本即可放到显微镜下观察。

知识点

水 母

水母是一种低等的海产无脊椎浮游动物，肉食动物，在分类学上隶属腔肠动物门（又称刺胞动物门）、钵水母纲，已知道的约有200种。或指立方水母纲的种类，该纲以前认为是钵水母纲的一目。水母一词广义也指具水母型（钟形或碟形）的刺胞动物，如水螅水母、管水母（包括僧帽水母）和不属钵水母纲的栉水母和海樽。本纲的水母分为两型：自由游泳的水母及营固着生活的种类（以柄栖附于海草及其他物体上）。营固着生活的形似水螅的种类构成十字水母目。

　　水母的出现比恐龙还早，可追溯到 6.5 亿年前。水母的种类很多，全世界大约有 250 种左右，直径从 10 厘米到 100 厘米之间，常见于各地的海洋中。

　　水母身体的主要成分是水，其体内含水量一般可达 97％ 以上，并由内外两胚层所组成，两层间有一个很厚的中胶层，不但透明，而且有漂浮作用。它们在运动之时，利用体内喷水反射前进，就好像一项圆伞在水中迅速漂游。大部分水母（如箱形水母）触须有剧毒。

延伸阅读

神奇的"魔鬼鱼"

　　"魔鬼鱼"是一种庞大的热带鱼类，学名叫前口蝠鲼。它的个头和力气常使潜水员害怕，因为只要它发起怒来，只需用它那强有力的"双翅"一拍，就会碰断人的骨头，致人于死地，所以人们叫它"魔鬼鱼"。有的时候蝠鲼用它的头鳍把自己挂在小船的锚链上，拖着小船飞快地在海上跑来跑去，使渔民误以为这是"魔鬼"在作怪，实际上是蝠鲼的恶作剧。

　　"魔鬼鱼"喜欢成群游泳，有时潜栖海底，有时雌雄成双成对升至海面。在繁殖季节，蝠鲼有时用双鳍拍击水面，跃起腾空，能跃出水面，在离水一人多高的上空"滑翔"，落水时，声响犹如打炮，波及数里，非常壮观。

　　蝠鲼看上去令人生畏，其实它是很温和的，仅以甲壳动物或成群的小鱼小虾为食。在它的头上长着两只肉足，是它的头鳍，头鳍翻着向前突出，可以自由转动，蝠鲼就是用这对头鳍来驱赶食物，并把食物拨入口内吞食。

保存无脊椎动物标本

　　从海滨采回的海蜇、海葵等腔肠动物，各种螺、贝类等、软体动物，一些虾、蟹等甲壳纲动物，以及海燕、海盘、海胆、海参等棘皮动物的标本，有的需要干制，有的可以液浸，都要很好珍视和妥善保存。这里主要介绍各种浸制的无脊椎动物标本保存管理要点。

置放柜内

浸制的各种瓶装无脊椎动物标本，通常放在木制标本柜内长期保存。标本柜的大小如一般文件柜，带有板屉，柜的高度以伸手取用方便为宜。上下两截双开门的标本柜，中间设置活动板屉，分上下两层放置标本瓶，如果标本瓶较高，可把活动板屉撤出，改为单层存放。活动板屉需选用质地坚实和比较厚的木板制作，因为瓶装的浸制标本分量较重。

保存的各种浸制瓶装标本，应分类、分层并按标本瓶的大小高低尽可能有层次地置放，瓶与瓶间稍留空隙，避免互相挤紧而取用不便。此外还需注意把每个标本瓶上所贴的标本签向外摆正，以便于查看检取。

避光防尘

浸制的无脊椎动物标本与其他浸制标本一样，要避免日光曝晒，在室内放置标本柜时就要注意这一点。此外，标本柜的柜门以木板门为好，可以防晒，如果是玻璃门，则应在玻璃背面粘贴一张暗色的遮光纸，以缓解日晒。

对于浸制的瓶装标本，还要注意防止灰尘沾污。标本柜的四周要保持严密无隙，尤其要把柜门关严，或在门边粘贴绒布条，以防微尘侵入柜内。

对于取用以后重新入柜的标本，应先检查是否完整无损，瓶口封装是否严密，然后擦拭干净再放入标本柜内原处。

补换浸液

浸制标本保存的好坏，除取决于所配制的标本液是否得当以及操作技术的有无差错之外，瓶口密封是否严紧也是保证标本质量的关键之一。瓶口封闭不严，标本液会挥发散失，使有效成分减少，浸液短缺，甚至日渐枯竭而导致标本干缩退色变形。

新制作的液浸标本，应在封口后的两三天内经常检查，如果瓶口有漏液或不严的情况，要及时加以补封或重封。

保存时间已久的标本，常因密封材料老化变质或松动不紧而出现漏液、蒸散等现象，也要注意检查，随时酌情处理。

不论是新制或久存的瓶装液浸标本，一旦发现浸液混浊、杂质，都应查明原因，及时更换。

避免振荡

已制成的液浸标本都有一定的姿态，在取用和保存中应尽量保持标本稳定，轻拿轻放，不要随意摇晃振荡，以免标本移位或损伤结构，更不可伤及瓶口的密封材料。

适期更新

对于使用频繁、经常移动的标本，尤其是教学上使用损耗较大的标本，除妥善保存管理外，还要根据实际情况注意适时采集制作，给予补充更新。

知识点

海 蜇

　　为海生的腔肠动物，隶属腔肠动物门，钵水母纲，根口水母目，根口水母科，海蜇属。蜇体呈伞盖状，通体呈半透明，白色、青色或微黄色，海蜇伞径可超过45厘米、最大可达1米之巨，伞下8个加厚的（具肩部）腕基部愈合使口消失（代之以吸盘的次生口），下方口腕处有许多棒状和丝状触须，上有密集刺丝囊，能分泌毒液。其作用是在触及小动物时，可释放毒液麻痹，以做食物。海蜇在热带、亚热带及温带沿海都有广泛分布，中国习见的海蜇有伞面平滑口腕处仅有丝状体的食用海蜇或兼有棒状物的棒状海蜇，以及伞面有许多小疣突起的黄斑海蜇。

　　海蜇的生活周期历经了受精卵—囊胚—原肠胚—浮浪幼虫—螅状幼体—横裂体—蝶状体—成蜇等主要阶段。除精卵在体内受精的有性生殖过程外，海蜇的螅状幼体还会生出匍匐根不断形成足囊，甚至横裂体也会不断横裂成多个碟状体，以无性生殖的办法大量增加其个体的数量。

延伸阅读

深海打捞员海狮

海狮吼声如狮，且个别种属的海狮，颈部长有鬃毛，又颇像狮子，故而得名。它的四脚像鳍，很适于在水中游泳。海狮的后脚能向前弯曲，使它既能在陆地上灵活行走，又能像狗那样蹲在地上。虽然海狮有时上陆，但海洋才是它真正的家，只有在海里它才能捕到食物、避开敌人，因此一年中的大部分时间，它们都在海上巡游觅食。

海狮主要以鱼类和乌贼等头足类海洋生物为食。它的食量很大，如身体粗壮的北海狮，在饲养条件下一天喂鱼最多达40千克，一条1.5千克重的大鱼它可一吞而下。若在自然条件下，每天的摄食量要比在饲养条件下增加2～3倍。

海狮也是一种十分聪明的海兽。经人调教之后，能表演顶球、倒立行走以及跳越距水面1.5米高的绳索等技艺。海狮对人类帮助最大的莫过于替人潜至海底打捞沉入海中的东西。自古以来，物品沉入海洋就意味着有去无还，可是在科学发达的今天，一些宝贵的试验材料必须找回来，比如从太空返回地球而又溅落于海洋里的人造卫星，以及向海域所做的发射试验的溅落物等。当水深超过一定限度，潜水员也无能为力。可是海狮却有着高超的潜水本领，人们求助它来完成一些潜水任务。例如，美国特种部队中一头训练有素的海狮，在1分钟内将沉入海底的火箭取上来，人们付给它的"报酬"却只是一点乌贼和鱼。这真是一本万利的好生意！

鱼类标本的采集制作

我国淡水鱼类约有800余种。其中，有些种类分布很广，几乎到处可见。如以水草为主要食料的草鱼、鳊鱼、三角鲂、赤眼鳟等；以浮游生物为食的鲢、鳙等；杂食性的鲤、鲫等；其他如花鱼骨、麦穗鱼、达氏蛇鱼、银鲴、白条鱼、棒花鱼、黄鳝、白鳝、花鳅、泥鳅、鲶鱼以及常见凶猛鱼类乌鳢、鳜鱼、鳡等；此外还有性情温和的肉食性鱼类翘嘴红鲌、蒙古红鲌和青鱼等。

随着地理位置南移，江河中的温带鱼类越来越多，冷水性鱼类则逐渐减少。辽河水系约有鱼类 70 种，其上游尚有北方种类；黄河水系约有 140 种，长江水系约有 300 种，二者的冷水鱼类极少，除常见的青、草、鲢、鳙、鳊、鲂、鳡、赤眼鳟、胭脂鱼等重要经济鱼类外，还有鲥鱼等特有种。

淡水鱼类的活动规律

各种鱼类

淡水鱼类的活动受到水温、日照、水流、饵料和地形等因素的影响，而发生规律性的变化。

水温对鱼类活动的影响很大，不少鱼类常常根据水温的周年变化改变着栖息的水层。当冬季水温较低时，鱼类都游向深层或水底处，很少活动，春季随着水温升高，水量和水面的增大，鱼类开始活跃，并向岸边游动和觅食；夏季由于水域表面或上层的温度较高，鱼类就比较分散，并栖息荫凉的地方或水的较深处，而早、晚则活跃在浅水层中。

在一天当中由于日照的变化，在湖泊、水库等水域中的鱼类，往往出现活动地点的变化。在早晨，鱼类多游向岸边或水草丛生处，以觅饵料；中午游向深而清净的水中或栖息于岸边遮荫处；日落时又游向岸边；到夜晚则分散栖息到水草丛中或深水中。

水流也影响和改变着鱼类的活动。在湖泊或水库中，往往在水流汇合处，由于有机质丰富，浮游生物和底栖生物较多，而且水中含氧充分，往往成为鱼类的栖息场所。

湖泊、水库等处天然饵料的变化，也导致鱼类栖息和活动地点的变化。春季沿岸浅水层的水温上升较快，水中天然饵料比其他水体先得以繁茂增生，这时鱼类就向岸边集结；随着水温继续上升，各部分水体中的饵料都相应地繁殖起来，鱼类活动区域也就随之扩大和分散，并出现各种分层现象。地形对鱼类的活动也有一定的影响，如湖岸的突出部分和两处水面相连通、汇合的地方，往往是鱼类的必经之路。

但是，在池塘、河道中，鱼类活动和分布就没有明显的规律。

淡水鱼类的采集

1. 采集工具

（1）网具：用于捕捞淡水中的鱼类。网具有拉网、围网、刺网、撒网、张网等类型。进行鱼类采集活动时，最好使用小型撒网和刺网。撒网由网衣、沉子纲、沉子以及手纲等部分组成，大小不定。网衣用生丝、细麻或尼龙线等编结而成。刺网由网衣、浮子和纲绳等部分组成，高约 1～1.5 米，长短可根据需要，网衣由丝线或麻线制成，质地要求细软坚韧，以防被鱼发觉和挣断。

（2）钓具：用于淡水钓捕鱼类。钓具是在一条干线上系上许多钓钩，钓鱼时在钩上装上诱饵。钓钩呈弧形或三角形，尖端一般都有倒刺，用钢丝制成。作业时所用诱饵有蚯蚓、蚱蜢、螺丝肉、小鱼虾等，也可用麦粒、粉团、甘薯块、南瓜块等。

（3）橡胶连鞋裤：用于在浅水中撒网等采集活动。

（4）帆布水桶：用于盛放捕到的鱼类。

（5）记录册、铅笔等。

2. 采集时间地点

应在春夏季节，选择晴天作为采集时间，选择江、河、湖泊近岸浅水中水草丛生处作为采集地点。

3. 采集方法

（1）使用网具或钓具的方法。使用撒网时，操作者站在岸边或浅水中，左手拿住网的上部和手纲，并兜托部分网衣，右手将理好的网口握住，然后对准有鱼的位置，用力将网向外作弧形撒出，使网衣呈圆盘形状覆盖住水面下沉，待沉完后，再慢慢拉收手纲，使网口逐渐闭合，鱼类即被夹裹在网内。

　　如果使用刺网，可选择有大量水草的边缘地区，在傍晚时下网，使网固定拦阻在一定的位置上。由于天黑，鱼类不易发现网衣的存在，而冲向刺网，鳃盖被网眼挂住，无法逃脱。次日清晨收网。使用钓具时，如果用活饵，应不使其因穿刺而死亡，同时不要使钩子露出诱饵表面。放钓时间一般应在傍晚，早晨收钓。

　　（2）尽量不损伤鱼体。收网、收钓时，对上网、上钩的鱼，要小心起捕，尽量不损害鱼体的鳍和鳞片，以便能制作完整的标本。

　　（3）注意增加所捕鱼类的科、属、种数目。在采集中不要追求每种鱼类的标本数，而要力求增加科、属、种的数目，特别要注意采集小型非经济鱼类和不同年龄的个体，以使同学们认识更多的鱼类，并了解一个水域中鱼类种类组成和年龄分布特点。

　　4. 采集注意事项

　　采集地点应限定在岸边和浅水区域，严禁同学们在采集中游泳和打闹以保证采集安全进行。

鱼体的观察、测量和记录

　　对采集的鱼体进行观察、测量和记录，是鉴定标本名称时的重要依据，同时也是制作剥制标本时的参考依据。在野外采集到鱼类标本后，应趁鱼尚未死去或鱼体新鲜时迅速进行观察和测量，并同时作好记录。

　　1. 观察、测量的用具用品

　　（1）体长板：用于测量鱼体各部分的长度。体长板通常用塑料板画上米制方格刻度制成。也可购买塑料质地的坐标纸，钉在木板上制成体长板。

　　（2）白瓷盘：用于盛放须观察、测量的标本。

　　（3）号牌：用于标本编号。号牌通常用竹片制作，长4厘米，宽0.8厘米，正面用毛笔写上号数，涂上清漆，干后即可使用。

　　（4）纱布、软毛刷、塑料盆：用于洗刷标本。

　　（5）秤：用于称取鱼的体重。

　　（6）记录册、铅笔：用于记录。

2. 观察、测量前的准备工作

（1）标本处理。对采集的鱼类标本，先用清水洗涤体表，将污物和黏液洗掉。对体表黏液多的鲶鱼、泥鳅和黄鳝等种类，要用软刷沾水反复刷洗干净。刷洗时，应按鳞片排列方向进行刷洗，以免损伤鳞片。在洗涤过程中，如发现有寄生虫，要小心取下放进瓶内，注入70%酒精保存，并在瓶外贴上号牌、写明采集编号。

（2）编号。将洗涤好的标本，放在白瓷盘中，根据采集顺序依次编号。

每一个标本都要在胸鳍基部系一个带号的号牌。如果号牌已用完，可用道林纸作号牌，用铅笔写清号数，折叠后塞入鱼的口腔深部，回校后再补拴竹制号签。

3. 观察、测量内容

（1）记录体色。每一种鱼都有自己特殊的体色，而且同一种鱼在不同环境中，其体色往往也有差异。鱼类体色虽不是主要鉴定特征，但对认识鱼有一定意义，尤其对同学们认识鱼类来说，鱼的体色更为直观和形象。因此应趁标本活着或新鲜时，将体色记录清楚。

（2）外部形态测量。为了快速、准确地测量鱼体各部分的长度，应该将鱼放在体长板上进行测量。鱼体外部形态的测量项目如下：

全长：由吻端或上颌前端至尾鳍末端的直线长度。

体长：有鳞类从吻端或上颌前端至尾柄正中最后一个鳞片的距离；无鳞类从吻部或上颌前端至最后一个脊椎骨末端的距离。

头长：从吻端或上颌前端至鳃盖骨后缘的距离。

吻长：从眼眶前缘至吻端的距离。

眼径：眼眶前缘至后缘的距离。

眼间：距从鱼体一边眼眶背缘至另一边眼眶背缘的宽度。

尾长：由肛门到最后一椎骨的距离。

尾柄：高尾柄部分最狭处的高度。

体重：整条鱼的重量。

（3）鱼体各部分性状计数

侧线鳞：沿侧线直行的鳞片数目，即从鳃孔上角的鳞片起至最后有侧线鳞片的鳞片数。

上列鳞：从背鳍的前一枚鳞斜数至接触到侧线的一片鳞为止的鳞片数。

下列鳞：臀鳍基部斜向前上方直至侧线的鳞片数。

咽喉齿：鲤科鱼类具有咽喉齿。咽喉齿着生在下咽骨上，其形状和行数随种而异。一般为 1~3 行，也有 4 行的，其计数方法是左边从内至外，右边从外至内。咽喉齿的特点是鲤科鱼类的分类依据之一。

鳃耙数：计算第一鳃弓外侧或内侧的鳃耙数。

鳍条数：鱼类鳍条有不分枝和分枝两种。在鲤科鱼类中，二者均用阿拉伯数字表示；其他鱼类的分枝鳍条用阿拉伯数字表示，而不分枝鳍条则用罗马数字表示。

上述各项观测结果，应在观测过程中及时填写在鱼类野外采集记录表中，见下表。

鱼类野外采集记录表

编号	
种名	
采集地点	
采集日期	性别
体色	
体重	全长
体长	体高
头长	吻长
眼径	眼间距
尾柄长	尾柄高
侧线鳞	咽喉齿
鳃耙数	鳍条数
其他	

鱼类浸制标本的制作和保存

对一个鱼类标本观测记录结束后，应将标本进一步制成适宜长期保存的标本，一般鱼类被制为浸制标本。浸制标本是用防腐固定液固定，以防止动物体腐烂变质，从而达到长期保存的目的。其制作比较简单，主要分为选择材料、整理姿态、防腐固定、装瓶保存 4 个步骤，最后贴上标签。具体如下：

1. 主要药品、溶剂及器具材料

器具材料包括标本瓶或标本缸，2 ~ 3 毫米厚的玻璃片，曲别针，解剖镊，解剖刀，塑料盘。

药品和溶剂主要是 10% 的福尔马林液——福尔马林 10 毫升，水 90 毫升，这样的福尔马林液最适于一般整体标本的固定和保存。

2. 制作方法

（1）选择材料：一般应选鳍条完整、鳞片齐全、体形适中的新鲜鱼类作为标本材料。如果鱼的体型过大，因受标本缸的限制，通常做成剥制标本来保存。

（2）整理姿态：整理姿态前，要先用水冲净鱼体表面黏液，进行登记、编号和记录，并在腹腔中注入适量的 10% 福尔马林液以固定内脏器官。整理姿态时，应按鱼的生活状态用镊子轻轻将鱼的鳍展开，用塑料薄片或厚纸片夹住展开的背鳍、胸鳍和尾鳍，并用曲别针夹紧，放入塑料盘中。

（3）防腐固定：塑料盘中盛有 10% 福尔马林液，以浸没鱼体为准。鱼体在此临时固定，待硬化后再用水冲洗干净。

（4）装瓶保存：用玻璃刀按鱼体大小划好玻璃片，长针穿好白色丝线后分别从胸部和尾基部靠近玻璃面的一侧穿过，并把标本系在玻璃片上，然后装入标本瓶中（注意标本瓶一定要事先清洗干净，不得有杂物），倒进 10% 福尔马林新液，将盖盖紧。取标签，写上学名、中名、采集时间、采集地点和编号，贴在标本瓶上。为防止福尔马林液挥发为害，还可用蜡密封瓶口。

如果是像蛙、蛇的整体浸制标本，一定要注意固定姿态时尽量减少标本所占的空间，长度也要适当，这既有利于装瓶保存，也有利于运输。

知识点

胭脂鱼

胭脂鱼，又名黄排、血排、粉排、火烧鳊、木叶盘、红鱼、紫鳊、燕雀鱼、火排、中国帆鳍吸鱼等，属于鲤形目吸口鲤科（或称亚口鱼科），生长于长江水系。

胭脂鱼体侧扁，背部在背鳍起点处特别隆起。吻钝圆。口小，下位，呈马蹄形。唇厚，富肉质，上唇与吻皮形成一深沟；下唇向外翻出形成一肉褶，上下唇具有许多细小的乳突。无须。下咽骨呈镰刀状，下咽齿单行，数目很多，排列呈梳妆，末端呈钩状。背鳍无硬刺，基部很长，延伸至臀鳍基部后上方。臀鳍短，尾柄细长，尾鳍叉形。鳞大，侧线完全。在不同生长阶段，体形变化较大。仔鱼期当体长为 1.6 ~ 2.2 厘米时，体形特别细长，体长为体高的 4.7 倍；稍长大，在幼鱼期体高增大，体长 12 ~ 28 厘米时，体长为体高的 2.5 倍；成鱼期体长为 58.4 ~ 98.0 厘米时，体长约为体高的 3.4 倍，此时期体高增长反而减慢。其体色也随个体大小而变化。仔鱼阶段体长 2.7 ~ 8.2 厘米，呈深褐色，体侧各有 3 条黑色横条纹，背鳍、臀鳍上叶灰白色，下叶下缘灰黑色。成熟个体体侧为淡红、黄褐或暗褐色，从吻端至尾基有一条胭脂红色的宽纵带，背鳍、尾鳍均呈淡红色。

延伸阅读

不食肉的儒艮

在我国广东、广西、台湾等省沿海生活着一种海兽，叫儒艮。它的名字是由马来语直接音译而来的，也有人称它为"南海牛"，它与海牛目的其他动物如海牛的最大区别在于：海牛的尾部呈圆形，而儒艮尾部形状与海豚尾部相似。除我国外，儒艮还分布于印度洋、太平洋周围的一些国家。有人称它是海洋中的美人鱼。

儒艮是海洋中唯一的草食性哺乳动物，一点也不凶。儒艮以海藻、水草等多汁的水生植物以及含纤维的灯芯草、禾草类为食，但凡水生植物它基本上都能吃。儒艮每天要消耗45千克以上的水生植物，所以它有很大一部分时间用在摄食上。儒艮体长3米左右，体重达400千克左右，行动迟缓，从不远离海岸。它的游泳速度不快，一般每小时2海里左右，即便是在逃跑时，也不过5海里。

儒艮体色灰白，体胖膘肥，油可入药，肉味鲜美，皮可制革。正因为如此，所以屡遭人类杀戮，如不严加保护，它们就有灭顶之灾。因此，儒艮已被列为国家一级保护动物。

昆虫及鸟类标本

　　昆虫是动物界中，所有生物中种类及数量最多的一群，是世界上最繁盛的动物，迄今为止，已发现100多万种昆虫。

　　鸟类，对人们来说，一点也不陌生，因为在人们生活的周围，可以随便可见。据科学统计，全世界现有9 000余种鸟类，仅我国就有1 329种。这些鸟绝大多数过着营树栖生活，少数营地栖生活。水禽类在水中寻食，部分种类有迁徙的习性。

　　虽然，鸟类和昆虫类在自然界中数量很大，但是，人们真正了解的它们却少之又少。有了标本，就会让人们走出这个"最熟悉的陌生人"的怪圈。

常见昆虫的种类

　　昆虫是无脊椎动物中唯一有翅的动物，它在动物界中属于节肢动物门、昆虫纲，按照分类的阶梯（界、门、纲、目、科、属、种），昆虫纲内又可分许多目。根据昆虫的翅、口器、触角、足等形态和结构等特点，昆虫纲还分有翅亚纲和无翅亚纲，下分30余个目。现仅就其中比较常见的十几目简要说明如下：

QUWEI SHENGWU BIAOBEN

直翅目

体大、中型；前翅窄长，革质；后翅宽大，膜质；咀嚼式口器，不完全变态。如蝗虫、蝼蛄、螽斯、蚱蜢等。

鳞翅目

成虫体表及膜质翅上均被有密布的毛和鳞片；虹吸式口器（幼虫为咀嚼式口器）；完全变态，蝶蛾类昆虫均属此目。

膜翅目

体形微小直至中等，一般有两对膜质的翅；体壁较坚硬；头部可以活动，口器大多为咀嚼式，属于蜜蜂科的为嚼吸式；完全变态。如蜜蜂、姬蜂、赤眼蜂、长脚胡蜂等。

各种昆虫

鞘翅目

前翅，角质，质地比较坚厚，静止时左右两前翅在背上相接呈一直线；后翅，膜质，常折在前翅下；咀嚼式口器，完全变态。如金龟子、天牛、瓢虫、叩头虫等。

双翅目

成虫有一对发达的前翅，后翅则退化成平衡棒；口器为刺吸式或舐吸式；完全变态。如蚊、蝇等。

同翅目

四翅质地相同，均为膜质；刺吸式口器；不完全变态。如蝉、叶蝉、蚜虫、白蜡虫等。

半翅目

体形略扁平；多数有翅，少数无翅；前翅基部是角质，端部是膜质；后翅膜质；刺吸式口器；不完全变态。如椿象、盲椿象、臭虫等。

脉翅目

翅膜质、翅脉网状，前后翅形状大小相似，完全变态。成虫、幼虫均为肉食性，捕食多种粮棉害虫，为重要的害虫天敌。如草蛉。

蜚蠊目

前翅革质，后翅膜质；足发达善疾走，不完全变态。如蜚蠊、土鳖等。

蜻蜓目

翅狭长、膜质，前后翅长短相等；咀嚼式口器；不完全变态。如各种蜻蜓和豆娘等。

口　器

节肢动物口两侧的器官，有摄取食物及感觉等作用。

昆虫口器由头部后面的 3 对附肢和一部分头部结构联合组成，主要有摄食、感觉等功能。蜘蛛的口器包括两对附肢（蜘蛛不是昆虫，为蛛形纲），昆虫的口器包括上唇一个，大颚一对，小颚一对，舌、下唇各一个。上唇是口前页，1 块（其内有突起，叫上舌）。舌是上唇之后、下唇之前的一狭长突起，唾液腺一般开口于其后壁的基部。大颚、小颚、下唇属于头部后的 3 对附肢。

由于昆虫的食性非常广泛，口器变化也很多，一般有 5 种类型：

①咀嚼式口器，其营养方式是以咀嚼植物或动物的固体组织为食。如蜚蠊（即蟑螂）、蝗虫。

②嚼吸式口器，此口器构造复杂。除大颚可用作咀嚼或塑蜡外，中舌、小颚外叶和下唇须合并构成复杂的食物管，借以吸食花蜜。如蜜蜂。

③刺吸式口器，口器形成了针管形，用以吸食植物或动物体内的液汁。这种口器不能食用固体食物，只能刺入组织中吸取汁液。如蚊、虱、椿象等。

④舐吸式口器，其主要部分为头部和以下唇为主构成的吻，吻端是下唇形成的伪气管组成的唇瓣，用以收集物体表面的液汁；下唇包住了上唇和舌，上唇和舌构成食物道。舌中还有唾液管。如蝇。

⑤虹吸式口器，是以小颚的外叶左右合抱成长管状的食物道，盘卷在头部前下方，如钟表的发条一样，用时伸长。如蛾、蝶等。

其中咀嚼式是最原始的，其他类型均由咀嚼式口器演化而来。

不同的口器是对不同食性的适应。

延伸阅读

昆虫的呼吸器官

昆虫没有鼻子，它们怎么呼吸呢？原来昆虫是用气管呼吸的，它们有特殊的呼吸系统，即由气门和气管组成的器官系统，气门相当于它们的"鼻孔"。

在昆虫的胸部和腹部两侧各有一行排列整齐的圆形小孔，这就是气门。气门与人的鼻孔相似，在孔口布有专管过滤的毛刷和筛板，就像门栅一样能防止其他物体的入侵。气门内还有可开闭的小瓣，掌握着气门的关闭。气门与气管相连，气管又分支成许多微气管，通到昆虫身体的各个地方。昆虫依靠腹部的一张一缩，通过气门、气管进行呼吸。

昆虫能高度适应陆生环境，原因之一就是具备了这种特殊的呼吸系统。蚂蚁、蝗虫、螳螂、蝴蝶、蜜蜂、蚊子、苍蝇等各类陆生昆虫都是以这种方式进行呼吸的。

生活在水中的昆虫也是用气门进行呼吸的。像蜻蜓、蜉蝣的幼虫长期适应水生环境，还形成了一种新的呼吸器官——气管腮，能像鱼一样呼吸溶解于水中的空气。

昆虫标本的采集工具

常言道："工欲善其事，必先利其器。"采集昆虫标本需事先准备好各种采集器材和工具，既要完备，又要使用灵括、携带方便，还要注意安全。尤其是远程的野外采集，更得考虑周密，备好备足。属于采集现场使用的大小工具、器材，要随用随收，免得遗忘丢失。毒瓶、毒剂之类和其他危重物品，更需随身携带，做到万无一失。

下面介绍一些昆虫标本采集常用的工具及其制备、操作方法：

采集网

采集网采集昆虫的必备工具。根据网的用途不同，它的形状、大小、构造也不一样。大致可分为 4 种：

①捕网：又名抄网，主要用于捕捉飞行快速的昆虫，如蝶、蛾、蜂、蜻蜓等。捕网由网柄、网框、网袋 3 部分组合而成。

捕网可以自己制作，网袋选用薄而柔的细纱，颜色以白色或淡色为宜，如珠罗纱或蚊帐布，也可用尼罗纱巾改制，以便能减少空气阻力、加快挥网速度，利于昆虫入网，便于透视网内。裁制网袋的方法见下图（此网袋的直径约为 16 厘米），网袋的长度一般是网框直径的两倍，其底部要作成圆形，直径应不小于 7 厘米，以便于取出采到的昆虫。

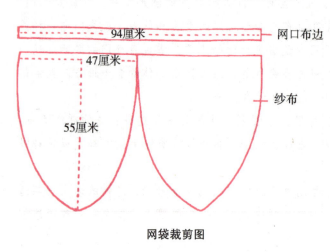

网袋裁剪图

依上图剪好网袋，沿着弧形边把两个半片缝合成一个整体网袋，然后把网口布边缝在网袋上。网口布边是双层的，以便穿入铁丝支撑网口。

用粗铁丝弯成直径约 33 厘米的圆圈作为支撑网袋的网框，穿入网袋的双层布边中，末端固定在网柄顶端。为了携带使用方便，还可以把网框的铁丝从中央剪断，断端各弯一小圆圈，互相环套在一起，折叠成半圆；末端设法固定在网柄顶端，做成装卸方便的折叠式网袋。

网柄一般选用直径 1.5~2 厘米的轻韧不易折断的木棍或竹竿制作，柄长 1~1.35 米左右。也可用铝管截成几节，用螺丝口互相连接成一根易于装拆的网柄。还可以用纺织厂的旧纱管制成插接式网柄。

纱管是一种用厚约 2 厘米的硬纸板压制成的一端细、一端粗的空心管，表面涂有一层防护漆，质轻而有一定的强度。将一节纱管的细端插入另一节纱管的粗端口内，如此连接 5~6 节，再把网框固定在顶节上，就做成了插接式网柄。采集途中把纱管放在采集袋里，用时再把它连接起来，携带使用都很方便。

②扫网：主要用来捕捉栖息在草地、灌丛等低矮植物上或行株距间的临近地面、善于飞跳的小型昆虫。

扫网的制作方法和捕网大致相同，但扫网的网柄较短，60 厘米左右即可；网框的铅丝也比捕网的略微粗硬，网袋宜选用比较耐磨的粗纱布，常用质地结实的粗白布或亚麻布制作，在网的底部开个小口，用时将网底扎住，也可在网底开口处用橡胶圈扎一只透明的小塑料瓶，这样可以及时看清扫入网中的昆虫种类和数目。扫捕时小虫被甩入管内，虫量满时取下小管，盖上透气瓶盖，再另换扎一只，继续扫捕。

③水网：主要用于采捕水生昆虫。网的结构也由网柄、网框和网袋 3 部分组成，但形式和质地却多种多样，主要根据水域的深浅、河溪的宽窄、水草的疏密以及所要采集的昆虫种类来选择形式和质地。

常用的水网样式

为了减少水的阻力，网袋宜选用透水性较强的材料，如马尾纱、尼龙纱、铜纱、棕榈纤维或亚麻布制成等，为了作业时操作灵活，要选用轻便不易变形的网柄。水网的形式很多，如铲网、拖网等，前者适于捞捕泥沙中昆虫，后者适于拖捞深水中昆虫。一般使用的水网可以参照上图，根据捕捞对象设计制作。

④刮网：主要用来采捕生活在树下或墙壁等物上的昆虫。与扫网类似，但网框做成半月形，弦用钢条，网袋用白布做，要浅，并且底下开口，如下

透明塑料瓶

刮　网

图所示。采集昆虫时，在开口外扎一透明塑料小瓶，刮下的昆虫就可落入小瓶中，在采集昆虫过程中，要使弦的一边紧贴树干或墙壁等，以免昆虫掉落地上。

毒　瓶

采集昆虫时，对用来作标本的昆虫，采到后要迅速杀死，以防其挣扎逃跑或损伤肢体及鳞片脱落。这就需要用毒瓶及时将昆虫杀死，尤其是在夜晚灯下诱捕，虫量较多，来势迅猛，更需备有一定毒力的毒瓶，以便随时更替处理。

常用的毒瓶，一般选用质量较好的磨砂广口瓶。这种瓶的容积较大，盖上瓶口比较严实且不易脱落，使用比较安全。还有利用罐头玻璃瓶加配塑料盖的，也很经济实用。

专业采集用的毒瓶，毒剂使用氰化钾（或氰化钠），它的毒力较强，昆虫入瓶后可迅速致死。由于这种毒剂剧毒，在制作、使用和保管中要特别注意安全，防止发生事故。废弃不用的毒瓶要妥善水解、深埋，严禁随意丢弃。一般学校仅限于辅导教师制备使用，同学们实习时可另选用其他有一定毒力而比较安全的药物。

（1）氰化钾（钠）毒瓶

以氰化钾为毒剂的毒瓶制作方法，是先将小块氰化钾或其粉末，轻轻放入瓶底，摊平；一只高15厘米、瓶底直径18厘米的玻璃广口瓶，可放入毒剂1厘米厚。然后在毒剂上面平铺1.5厘米厚的锯末，稍压平整，锯末层上平摊一层厚约0.5厘米的生石膏粉，亦稍压平整，再盖上一张与瓶体内径大小相同的滤纸片，徐徐向瓶内滴水，直到水滴通过滤纸渗透到石膏层的层底为止，盖上瓶盖，经过10余小时，待石膏层凝固，放上一两张滤纸，瓶外面写上"毒瓶"字样的标签，毒瓶就做成了。

（2）用乙醚或醋酸乙烷或三氯甲烷等麻醉剂制毒瓶

用麻醉剂做毒剂时，不能将药直接放到瓶中。有两种方法：一种方法是先在瓶底铺一层棉花，然后倒入药液，以浸湿棉花为止，再在棉花上面铺一层锯末，锯末厚度0.5厘米即可，然后在其上铺一层滤纸，将瓶口用软木塞塞紧；第二种方法是用药物将棉球浸湿（以下滴药为止），然后用图钉固定到广口瓶软木塞的底面。由于乙醚挥发很快，要随时添加才能保持药效。当棉花球上的药挥发完后，再滴上一些。

（3）适于同学们使用的毒瓶——用苦桃仁制毒瓶

制作时，先将桃仁加水浸湿以后捣碎，然后放入毒瓶，上面再铺一张吸水纸便可使用。一个 500 毫升的毒瓶，至少应放置 30 克桃仁。如果没有桃仁，可改用新鲜的山桃叶和山桃嫩茎上的树皮，将二者加水捣碎，放入毒瓶使用；也可改用捣碎的枇杷仁、青核桃皮或月桂树叶，作为毒杀物质。

毒瓶做好以后，为了加固瓶体，防止瓶底破碎后药层撒落，常在瓶外以药层为准连同瓶底加粘一层胶布或透明胶带防护，这样可更加安全耐用；为了携带使用方便，还可在瓶体外配装背带，如下图所示。

毒瓶内放滤纸，主要是为了吸水，视纸的湿度和污染情一况，需及时更换。毒瓶内壁要经常擦拭，以保持洁净透明。使用毒瓶时，一次放入的昆虫不宜过多，不可将大型和小型、较软和较硬的昆虫混合放入一个毒瓶里，以防互相残踏，伤及虫体。为了防止瓶内昆虫互相碰撞，可在瓶内放些凌乱的纸条。对于鳞翅目昆虫，为了防止翅上鳞片脱

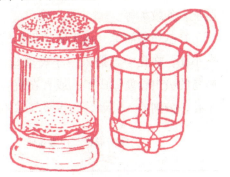

毒 瓶

落，可以先将这类昆虫放入三角纸包里，再将纸包放入毒瓶内毒杀。

三角纸袋

又名昆虫包，主要用来保存鳞翅目昆虫标本。采集前制备好一定数量的大小不一的纸袋，依照虫体大小分别放入各袋，每袋可装一个或几个同种标本。纸袋轻巧，不致损伤标本，而且便于携带。

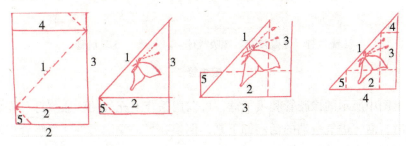

三角纸袋的叠法

三角纸袋的材料一般选用半透明纸，裁成长宽3∶2的长方形纸块，然后依下图所示，折叠而成。

放入袋内的标本，以在袋内的斜边存放为好，这样易于从边口取出。此外，采集前应先将采集日期、地点、海拔高度以及采集人摘要写在袋的直折边上，不要装虫后再写而把标本压损。

吸虫管

有些体型微小，或匿居洞穴、墙缝等处的昆虫，用一般采集工具不易捉到，都可以可用吸虫管来吸取。用于吸取隐居在树皮、墙缝、石块中的小型昆虫，如蚊类等。

其制作很简单，用无底的指形管或玻璃管，两端塞好木塞，塞中央各钻一小孔，在孔中各插入一小玻璃管，一端套上橡皮管，另一端套上吸气球。简易的吸虫管就做成了；或者在有底的指形管的一端塞好木塞，木塞上钻两个孔，分别插入玻璃管和带吸气球的橡皮管，如下图所示。

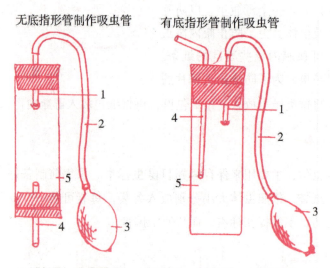

无底指形管制作吸虫管　　有底指形管制作吸虫管

1.吸气管　2.橡胶管　3.吸气球　4.吸管　5.玻璃管

吸虫管

上图中所示的橡胶管和吸气球，可以用医疗上充气的吹胀气球，变成吸气球时，需将进气一端的活门卸下来，倒换在另一端。另外，在吸管末端管口还需蒙一小块棉纱或绸纱，以防小虫吸入球内。

采集时，将吸管口对准或罩住要采集的昆虫，按动吸气球将昆虫吸入管内。吸管中还可以放入沾有乙醚等麻醉药剂的小棉球，将能飞善跳的种类熏杀后，再移入其他容器或纸袋中保存。

三角盒

三角盒是用来在野外临时存放包有蝴蝶成虫的三角纸袋的。

采集伞

用来承接高处落下的昆虫，如图所示。采集伞柄可以伸直或拉平，伞兜面料和一般晴雨伞相同，颜色宜用淡色，便于识虫收集。作业时撑开伞面倒放在地上，伞柄平放便于移动，用毕折叠。

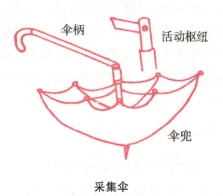

采集伞

采集包

采集包是用来装采集工具、玻璃瓶、指形瓶、毒瓶的用具，用料可用小帆布做成工具袋或书包样式，内外多做些小口袋，袋上有盖，装小瓶时掉不出来；采集包还可以做成子弹袋样式，用时束在腰间，十分方便，如下图所示。

采集包

烤虫器

用于收集隐藏在枯枝落叶和烂草等腐烂物中的昆虫。使用时，将野外采来的腐烂物放入有隔筛的铁皮圆筒中，用电灯或其他热源增高温度，利用热量将腐烂物中的昆虫驱赶到圆筒的下方的漏斗中，再从漏斗落入毒瓶或酒精

瓶内，达到采集的目的。烤虫器的形式很多，可根据其原理自行设计制作，但使用时要严防火灾。

采虫筛

用于收集隐藏在土壤中的昆虫，筛的形式和质地多种多样，可以自己动手制作。制作时，用铁丝编制成不同大小眼孔的圆框，几个圆框按一定距离套叠在一起，大眼孔框在上方，小眼孔框在下方，将套框装进在一个上下开口的布口袋中，下口扎上一个收集昆虫的毒瓶，便制成了采虫筛。使用时，将野外采来藏有昆虫的土壤，从袋口装入上层铁丝框中，提起口袋用力抖动，昆虫便被筛出，并按体型大小，分别留在不同层次的铁筛上或落入下面的毒瓶中。

卧式趋光采虫器

用于收集枯草烂叶中的昆虫。采虫器用粗铁丝作支架，四周用黑布作罩，形成一个长口袋，袋的前端连一方盒，盒正面按装玻璃，盒的下方连一收集瓶，收集瓶上口与方盒相通。用时，将野外收集的含虫的枯草烂叶，从袋后端装入袋中，利用昆虫的趋光性，使其向透光的方盒集中，最后落入下面的收集器内。这种采虫器适于收集无翅昆虫。

趋光分虫器

趋光分虫器和扫网配套使用。用于收集和分类扫网采集的各种昆虫。这种分虫器是用薄木板或铁皮作成长方形盒，盒盖是一个能够抽动的门，盒的窄面一端开 3 个高低不同的圆洞，每个圆洞外装有一个能提起和关闭的铁扣板，铁板上套有一个与洞口相同的橡胶圈，在橡胶圈内放进一个口径适合的玻璃管，用时将扫网采来的含虫碎枝杂叶放入盒中，关闭盒盖。盒内的昆虫在趋光性驱使下以不同的飞翔能力或爬行速度，趋向不同高低的指形管中。这种分虫器适合于体型小，但弹跳、飞翔力较强的昆虫。

诱虫灯

诱虫灯是用于采集夜间飞行活动的昆虫，如各种蛾子和甲虫。诱虫灯分为固定式、悬挂式和支柱式 3 种。同学们在野外采集期间，可采用结构比较简单的支柱式诱虫灯。

　　过去使用的光源，主要是各种油灯、汽灯、电灯等，都有一定的诱虫效果。现在认为比较理想的光源是黑光灯。试验证明，多种昆虫对波长为30～400纳米的紫外线有最大的趋向性。黑光灯发出的光波长在360纳米左右，对一些喜光的昆虫有强烈的引诱力，而且耗电量较普通电灯节省，所以是一种经济有效的诱捕工具。

　　在距离电源较远的地方，也可使用气灯、煤油灯或电石灯作诱捕昆虫的光源，但要特别注意避免发生火灾。

采集箱

　　放毒死的昆虫用。制作方法：在长宽各30厘米、高10～15厘米的废木箱里面用木板分成多格即可。也可用废木板钉成和长宽各30厘米、高10～15厘米的小木箱，箱内用木板分成多格，用帆布条做成背带钉到小箱上，背在肩上，十分方便。

其他采集用具

　　采集铲、采集耙、毒虫夹、镊子、刀、剪、毛笔、放大镜、指形管和广口瓶等。

知识点

黑光灯

　　黑光灯是一种特制的气体放电灯，它发出330～400nm的紫外光波，这是人类不敏感的光，所以把这种人类不敏感的紫外光制作的灯叫做黑光灯。黑光灯看上去就好像普通的荧光灯或者白炽灯泡，但它们有些地方是完全不同的。传统黑光灯设计和荧光灯的比较只是有几个重要的更改。荧光灯是由电流通过充满惰性气体的管和少量的水银而产生光。当通电的时候，水银原子以可见光子形式发出能量。它们发出一些可见光子，但大部分是以紫外线波长范围发出的光子。紫外线光波长太短所以看不到。荧光灯必须把这种能量转化为可见光。为了达到目的，就在管的外部采用了磷涂层。

黑光灯是一种特制的气体放电灯，灯管的结构和电特性与一般照明荧光灯相同，只是管壁内涂的荧光粉不同。黑光灯能放射出一种人看不见的紫外线，且农业害虫有很大趋光性，所以广泛用于农业。

延伸阅读

昆虫与人类的关系

自从地球上有了人，由于人要从自然中获得生活资料，要改造自然，必然会出现同昆虫争夺资源的问题；但另一方面，昆虫也为人类提供了资源。因而人也就同昆虫发生了密切的关系。

昆虫同人类的关系是十分复杂的，构成复杂关系的主要因素之一是昆虫食性的异常广泛。根据资料统计，昆虫中有48.2%是植食性的；28%是捕食性的，捕食其他昆虫和小型动物；2.4%是寄生的，寄生在其他昆虫动物体外和体内；还有17.3%食腐败的生物有机体和动物排泄物。这为我们大致划出了昆虫的益害轮廓。但是这只不过是个自然现象，而人的益害观是从对人的经济利益的观点出发的，因而要复杂得多。

昆虫标本的采集时间和环境

采集时间

由于昆虫种类繁多，生活习性很不一致，一年繁衍多少代，繁衍一代需要多长时间，何时开始出现，何时停止活动等等，各类昆虫很不一样。即使是同一种昆虫，在不同地区或不同环境中也有所不同，所以采集昆虫的时间就很难一致，应该因虫而定和因地制宜。然而同学们采集昆虫，主要是掌握采集方法，认识一般种类，可依据一般昆虫的活动情况进行采集活动。

（1）季节：由于昆虫总是直接或间接与植物发生关系，所以可以说，一年中植物生长的季节，也就是采集昆虫的时间。一年中，就一般昆虫的活动情况来说，我国北方地区，每年4月就可以采到一些昆虫，6－8月为盛期，最易于采集，10月以后则渐少，所以一年中约有一半时间适宜一般采集；我国华南亚热带地区终年可以采集。

（2）时间：采集时间要根据各种昆虫生活规律而定。一天中采集最好时间，一般为上午10时到下午3时，这段时间是昆虫最活跃的时间，遇到的昆虫最多，宜用网捕捉。不过要注意有许多昆虫到黄昏才开始活动，它们当中有的种类成群飞翔，适于网捕。另外，夜间活动的昆虫种类比黄昏活动的还要多，用灯光诱集，能捕到很多种类。

采集环境

昆虫分布非常广泛，到处可以采集，各类昆虫往往各有其喜好的环境，在这种环境下就容易采到这类昆虫，在另一种环境下，则可采到另一类昆虫。所以在采集昆虫前，一定要熟悉昆虫的生活环境、各种昆虫的生活习性，然后去采集。昆虫一般栖息的环境，大致有以下8个方面。

（1）水中：水中生活的昆虫主要为鞘翅目和半翅目两类，它们生活史的各个时期都在水中，只是成虫由于趋光性的驱使，偶尔在夜间飞到陆上。另外，蜻蜓目、蜉蝣目、襀翅目等目的幼虫生活在水中。水生昆虫有的潜水生活，有的漂浮水面，池沼湖泊中多水草的地方是采集水生昆虫的理想环境。对于流水环境，要特别注意水边和水底的石块上，常有许多昆虫附着或在石块下隐藏。

（2）地面和土中：昆虫纲中绝大多数的目，都有在地面和土中生活的种类，所以这种环境极其广泛。采集时，要特别注意砖头、石块下面，尤其是比较潮湿的地方，常隐藏着各种昆虫，是采集的好场所。许多昆虫深入土中，或在地下作巢。等翅目的白蚁和膜翅目的蚁、蜂，都是土中昆虫的主要种类。蚁巢的洞口围有一圈土粒，白蚁巢则高出地面形如坟头，蝉的若虫有的在地面作成泥筒，虎甲幼虫则在地下穿直洞等，这些都可以作为采集的线索。

（3）植物上：昆虫大多直接以植物为食，或以植物上的其他昆虫为食，所以植物和昆虫的关系最密切，是采集昆虫的最好环境之一。植物体上有不少现象可以帮助我们寻找昆虫。例如，枝干枯萎常常是由于甲虫幼虫正在啮噬为害；枯心白穗可能里面有钻心虫、黄潜蝇或茎蜂等昆虫；卷叶缀叶表示其中有虫，常常是鳞翅目幼虫或象鼻虫等；枝叶上有蜜或生霉，说明枝叶上有大批蚜虫、介壳虫、木虱等昆虫寄生。

蚜 虫

虫粪满地证明树上有昆虫，由粪的形状，可以大约知道是哪类昆虫，例如天蛾幼虫不易发现，但根据地面上它的新鲜粪粒，垂直往上观察，就会发现它的所在位置；叶片变色或有斑点，常常是蚜虫、木虱、网蝽、蓟马一些刺吸式口器的昆虫取食的结果，翻看这种叶片背面，必能发现同翅目、半翅目以及缨翅目的昆虫；叶片被咬成缺刻，是咀嚼式口器昆虫取食的结果，在这种叶片上，常可采到鳞翅目、鞘翅目、直翅目的成虫、若虫或幼虫；潜叶和虫瘿都是昆虫为害所致，潜叶昆虫包括鳞翅目、双翅目、鞘翅目和膜翅目等 4 个目的许多种类，致瘿昆虫除去上述 4 个目外，还有半翅目、同翅目、缨翅目等 3 个目；果实、种子被蛀食，主要是食心虫为害的结果等等。

（4）动物上：寄生在动物体上的昆虫也不少，除去虱目和食毛目全部寄生于动物体外，蚤目的成虫、双翅目、鞘翅目、半翅目等目的少数种类也寄生在动物体上，无论家禽、家畜、野鸟、野兽的体表，都可能有这些昆虫寄生。另外，还有一些蝇类幼虫寄生于兽类体内或皮下等处。

（5）昆虫上：昆虫本身也有许多昆虫寄生，如很多寄生蜂寄生在鳞翅目幼虫体内。采集鳞翅目幼虫或卵进行饲养，常可得到各类寄生性昆虫。

（6）垃圾和腐物中：很多昆虫是腐食性的，在垃圾和腐物中常有许多甲虫和蝇类集聚。

（7）灯光下：各目昆虫除去原尾目、双尾目、虱目、食毛目、蚤目等不具趋光性以外，其他各目几乎都具有趋光性。因此夜晚采集时最好的环境是在灯光下捕捉。

（8）室内：室内也有许多昆虫栖息，粮仓、冬季温室、都是采集昆虫的好地方。

知识点

半翅目

　　它是昆虫纲的一个较大的目。通称为"椿象"。刺吸式口器，前翅前半多成骨化成半鞘翅的昆虫。身体由小型至大型不等，体形、体色均多样。身体含有臭腺（成虫的臭腺开口于后胸侧板内侧，若虫的臭腺开口于腹部背面）。臭腺分泌物常有特殊气味，并具一定的刺激性，有驱避敌害的作用。不完全变态。卵产于物体表面或插入植物组织中。若虫与成虫的体形、生活习性基本相同，但是翅膀与生殖器官尚未发育成熟，不会飞。所以若虫期是消灭它们的最好时机。

延伸阅读

食用昆虫

　　提起昆虫，人们就会想到蚂蚁、蟋蟀、蜻蜓、蚂蚱、蝉、毛毛虫等各种奇形怪状的小动物。这些小动物捉来玩玩，观赏一下未尝不可，但要作为食物吃进肚中，可能就会有很多人觉得难以想象，说不定还会恶心呕吐。其实，昆虫作为人类食物的历史源远流长，世界上的许多国家和地区，都有食用昆虫的习惯。据不完全统计，我国各地作为食物食用的昆虫约有数十种。

　　昆虫不仅含有丰富的有机物质，如蛋白质、脂肪、碳水化合物，无机物质如钾、钠、磷、铁、钙等各种盐类的含量也很丰富，还有人体所需的氨基酸。根据资料分析，每100毫升的昆虫血浆含有游离氨基酸24.4～34.4毫克，远远高出人血浆的游离氨基酸含量。昆虫体内的蛋白质含量也极高，烤干的蝉含有72%的蛋白质，黄蜂含有81%的蛋白质，白蚁体内的蛋白质比牛肉还高，100克白蚁能产生500卡热量，100克牛肉却只能产生30卡热量。

　　昆虫作为食品除了有上述优点外，还有世代短、繁殖快、容易获取等特点。因而在野外遇险时，昆虫往往是遇险者的首选食物。吃昆虫时，可根据

当时自己的条件，选择烤、烧、炒、煮、炸等不同的方法食用。

采集昆虫的一般方法

昆虫标本的采集是实习工作中最基础的工作，采集到昆虫的质量优劣、种类多少，关系到实习任务完成与否，因此必须努力做好采集工作。昆虫种类繁多，习性各异，应根据不同虫种的生活习性和栖息、活动场所，分别采用不同方法进行捕捉。采集昆虫方法很多，最常用的方法有以下几种：

网捕法

网捕法是最常用的方法之一，捕捉有翅会飞的昆虫大都用此法。即用前面介绍的捕网捕捉飞虫，其操作步骤有下列几点：

（1）观察虫情：采集昆虫标本有定点采集和随机采集。定点采集是预先选好某种昆虫经常栖息、活动的场所进行一定范围的搜索捕捉。如菜粉蝶多在甘蓝等十字花科蔬菜田间上空飞动，花椒凤蝶多在花椒树附近上空盘旋飞动，这些地方虫量较多，可选择性强，适于定点单项采集。随机采集属于一般考察采集，在一定范围内广泛收集各类昆虫，或者遇到就采，或是有计划、有目的地择采。不论是定点采集还是随机采集，初到采集现场，不能操之过急，先要冷静地观察虫情。尤其是在虫量不多的情况下，更应仔细观察动静，摸清飞动规律，包括飞动的高度、速度、方向等，结合当时的风向、风速等气象因素，再立即作好准备，开始挥网捕捉。

（2）顺势兜捕：摸清虫情后，待其再次飞临，可用目测方法判断出其飞动方向、高度和速度，结合风向、风速等条件，手握网柄、瞄准方位，等进入有效距离后顺势举网一挥即可捕之入网。所谓顺势兜捕，就是在静观不动的情况下，根据昆虫飞临方向，或迎面或从侧面选择最佳捕位，出其不意，一举入网，如一网失误，不必尾追，而是以逸待劳，一网不入，再等二网。

（3）翻封网口：一旦虫入网内，要随即翻转网袋，把网底甩向网口，封住网口入网的昆虫才不致逃逸。挥网捕虫和翻封网口是连续、快速的两个动作，也是用网捕虫的一项基本功。

（4）取虫入袋：入网的昆虫需立即取出。取虫时先隔网看清是哪类昆虫，如果是蜂类，要用镊子夹取放入毒瓶中；如果是蝶、蛾类，不要用手捏翅，而要用一只手从网外捏住其胸部，并稍用力捏一下，使昆虫窒息，另一只手伸进网内，接过昆虫，从网中将昆虫取出，两对翅向上对叠，放入纸制三角袋中。其他昆虫可用手拿出放入毒瓶。慢慢收缩网袋，减小它在网内挣扎活动的范围，然后待其稍停，趁势隔着网袋用手轻捏虫胸，使它停止活动，再用小镊子伸进网里，夹其翅基取出，放入毒瓶致死后转放到三角纸袋内。

扫捕法

在大片的草丛或茂密的小灌木丛中，用扫网扫捕昆虫，方便实用。方法是：一手握扫网柄，网口对准扫捕方向，在草丛或灌木丛上方，左或右扫捕并划"8"字形，一边扫一边前进。这样网内就会扫进一定数量的昆虫，并集中到底部的小瓶中，将扫到的昆虫倒入毒瓶中杀死，再倒在白纸上挑选，将需要的保存，不需要的扔掉。

扫捕时由于反复在植物上网扫，所以扫到的不仅有昆虫，而且还会有植物的叶、花、果实，这就需要进行挑选，挑选时最好用趋光分虫器进行。当扫捕一段时间后，打开网底，将扫集物倒入随身携带的容器内，如果网底装有塑料瓶，则在瓶内装满扫集物时取下更换。返回住地后，将上述容器或塑料瓶中的扫集物倒入趋光分虫器中将虫分开，达到挑选目的。如果没有趋光分虫器，可将扫网中的扫集物直接倒入毒瓶，等虫被熏杀后，再倒在白纸上或白磁盘中进行挑选。

振落法

有些昆虫具有"假死"的本能，这是一种简单的非条件反射，当虫体受到机械性（物体接触）或物理性（光的闪动）等刺激后，引起足、翅、触角甚至整个虫体突然收缩，由原栖息地落下，状似死亡，稍待片刻又恢复了自然活动，这就是"假死"。如金龟子、小麦叶蜂的幼虫、棉象鼻虫等，受到突然振动后会立即从寄主植物上自行落下，假死不动，可趁机采集。

金龟子

有些昆虫虽不具有假死性，但在其正常栖息取食时猛然摇动寄主植物，也会自然落下，如槐尺蠖等一些有吐丝下坠习性的鳞翅目幼虫和甲虫，就可用振落法收集。

对于高大树木上的昆虫，可用振落的方法进行捕捉。其方法是先在树下铺上一块适当大小的白布、塑料薄膜或采集伞，然后摇动或敲打树枝树叶，利用昆虫的假死的习性，将其振落并收集。用这种方法可以采集到鞘翅目、脉翅目和半翅目的许多种类。有些没有假死习性的昆虫，在振动时，由于飞行暴露了目标，可以用网捕捉。所以采集时利用振落法，可以捕到许多昆虫。

有些昆虫虽不易振落，但由于受惊而爬动或解除了拟态，暴露了真相，也利于捕捉。

刷取法

有些在寄主植物上不太活动的微小型昆虫，如蚜虫、红蜘蛛等，用昆虫网很难扫入，用振落法又不易奏效，这时可用普通软毛笔直接刷入瓶、管内。刷取时要选择虫体比较密集的小群落，一笔即可刷取许多。要注意用笔尖轻轻掸刷，不可大笔刮刷而伤及虫体。

搜捕法

有些虫体较小或栖息地点较为隐蔽的昆虫，需根据它们存在的某些迹象进行仔细观察搜索才能找到，如蚜虫生活在植物的嫩芽或叶下面，使植物的叶卷缩变形。同时由于它们分泌蜜露，因此在同一地方也可以找到蚂蚁、食蚜蝇等昆虫。在枯死或倒下的禾苗基部附近能找到地老虎、金针虫、蛴螬等地下害虫。在腐木或树皮下能找到各种甲虫，在较老的树皮下，可找到木蠹蛾、灯蛾的幼虫及多种鞘翅目昆虫，如天牛幼虫、叩头虫幼虫和金花甲等；在石块下面可以找到蝼蛄、蠼螋、蟋蟀等；在土壤中可找到蛴螬、金针虫、地老虎幼虫等；在存水的树洞中，可采到双翅目昆虫，如蚊的幼虫；在水中能采到蜉蝣目、蜻蜓目、翅目的昆虫和半翅目的水黾类、鞘翅目的龙虱等；

蠼螋

在高山、森林、沼泽、湖泊的沿岸可采到双尾目、原尾目、弹尾目等无翅昆虫。

因此，树皮下面、朽木当中是很好的采集处；砖头、石块下面也是采集昆虫的宝库，可以到处翻动砖石土块，一定有丰富的收获。采集无翅亚纲的双尾目、弹尾目以及原尾目等，更要依靠搜捕法。另外，遇到蜂巢、鸟兽巢穴，不要放过，因为会有许多昆虫栖息其中。蚁巢和白蚁巢中有不少共生的昆虫，如注意搜索，会有很大收获。在秋末、早春以及冬季里，用搜索法采集越冬昆虫更为有效，因树皮、砖石、土块下面、枯枝落叶中甚至树洞里面都是昆虫的越冬场所。

发现这些小昆虫时，要用吸虫管捕捉或用毛笔刷入瓶中。总之，注意在不同的环境中搜索，可以得到不少稀有种类的昆虫。对于枯枝落叶中的昆虫，可以连同枯枝落叶一起带回，用烤虫器或采虫筛等工具分离。

诱集法

利用昆虫对光线、食物等因子的趋性，用诱集法进行采集，是极省力而又有效的方法。利用昆虫的趋光性、趋化性、食性的不同诱集昆虫，也是采集昆虫的重要方法，常用的诱集法有以下几种。

（1）灯光诱集

多种昆虫具有趋光性，主要是因为它们复眼的视网上有一种色素，这种色素只吸收某一种特殊波长的光，刺激视神经，通过神经系统影响运动器官，从而使它们趋向光源。利用这一特性，可以设计各种各样的诱灯来诱集昆虫。如手提汽灯、节能灯、黑光灯、煤油灯笼等，将灯放在野外或房间附近，就会诱集来许多昆虫。如夜蛾、灯蛾、尺蠖蛾、天社蛾、毒蛾、木蠹蛾、枯叶蛾、卷叶蛾等各种蛾类；各种甲虫类如象甲、叩头甲、步行虫、虎甲、斑蝥、隐翅甲、萤火虫、金龟子和一些膜翅目、直翅目、脉翅目的昆虫。

同学可以采用前面所讲的黑光灯诱虫装置来诱虫。架设黑光灯可用木杆或铁制三角架。一般在比较开阔的田野上，灯管下端，以距地面 1.7 米左右为宜；如在特殊作业区，如高秆作物（玉米、甘蔗等）区，需高出植株 0.35～0.7 米左右，以免灯光被遮掩。黑光灯的灯管目前市售的有 20 瓦、40 瓦的，可根据实用范围选定。

毒瓶在需要用的时候再安放，当晚作业完毕即行收回。如属临时定点采

集，开灯时间以当地傍晚常规点灯时间为准，一般需延至次日凌晨2—8时，由于不同的时间有不同的昆虫出没，所以应组织好人力分班轮流看守，坚持采集。如属定点常年系统收集，则需用大型毒瓶，内放纸条，锁在固定灯架上的木匣中，通宵开灯，次日天明关灯，取回毒瓶，分检标本。还有的利用旧闹钟改制成定时开关，为的是避免过时耗电。

灯光诱捕的方法很多，不论使用油或电作能源，必须注意安全，尤其是在山林附近，更得遵守林区守则，注意防火，夜间灯下作业每组需配备2~8名作业人员。

（2）糖蜜诱集

蝶蛾类喜欢吸食花蜜，许多甲虫和蝇类也常到花上或聚集在树干流出的含糖液体上。利用昆虫这种对糖蜜的趋性，可以在树干上涂抹一些糖浆进行诱集。一般用50%红糖、40%食用醋、10%白酒，在微火上熬成浓的糖浆，用时涂抹在树林边缘的树干上，白天常有少量蛱蝶等蝶类飞来取食，夜间则可诱到许多蛾类和甲虫。用手电筒照明检查，凡停集的用毒瓶装，飞动的用网捕，大型蛾类可直接用注射器注射石炭酸毒杀。使用糖蜜诱集时，要注意蚁类和多足纲动物也喜食糖蜜，常将所涂抹的糖浆霸占，使别的昆虫不敢前来取食。可在涂有糖浆的树干下面圈上一圈粘纸，使这些动物无法接近糖浆。

（3）腐肉诱集

利用某些昆虫对腐肉一类物质的趋性进行诱集，也是一种有效的采集方法，尤其适于采集各种甲虫。诱集时，将一个玻璃瓶埋在土中，瓶口与地面相平，瓶内放置腐肉或鱼头一类腥臭物，如果瓶口较大还应在瓶口上方用树枝或石块进行遮盖，以防鼠、鸟衔食。过些时候检查，则会有许多甲虫落入瓶中。腐肉诱集的甲虫主要为埋葬虫、隐翅虫、阎魔虫以及一些金龟子等。

（4）异性诱集

有一些昆虫的雌性个体能释放一种性信息素，将距离很远的同种雄性个体吸引到身边进行交配。如舞毒蛾、天蚕蛾和盲蝽等。根据昆虫的这一习性，可将采到的或饲养出的雌蛾囚于小纱笼内，挂在室外，则能诱来许多同种的雄蛾。但雌蛾一定要用没有交配过的，因为雌蛾一旦交配，便停止释放性信息素了。

水网法

水栖昆虫采集可用水网捕捉，水网的种类和制法在前边已讲到。捕捞水中的昆虫可使用拖网，捕捞水下的可用铲网。将水边的藻类等连同泥沙一起捞起，可以采到蜻蜓目、蜉蝣目的幼虫和半翅目、鞘翅目的昆虫。

知识点

十字花科

十字花科植物，可以合成较高浓度的芥子油，菜粉蝶对芥子油具有趋化性，因此会将卵产于十字花科植物叶片上，于是菜青虫也就集中在了十字花科植物叶片上。双子叶植物纲五桠果亚纲的1科。一年生、二年生或多年生草本，叶互生，基生叶呈莲座状无托叶；叶全缘或羽状深裂。花两性，辐射对称，排成总状花序。

延伸阅读

昆虫俗称

臭大姐：学名椿象。会飞，大约指甲盖大小，浑身黑灰，只翅膀下有点粉红色，不知何以称为大姐，其实一点也不好看，而且有无比的臭味，粘到手上半天也洗不掉。它有这招防身本领，足以让不怀好意的东西退避三舍。

吊死鬼：学名槐蚕。过去北京四合院宅门前大多一边种一棵槐树。夏天开白花香透一条胡同，但是爱长虫子，就是吊死鬼。它用一根长丝吊在半空中，大人讨厌它，往往经过树荫下觉得脖子一凉，用手一摸是一条软软的虫子，吓一跳。小孩喜欢它，托在手上凉凉的，它会一屈一伸一拱一拱地向前爬行。后来在"文革"当中的"批林批孔"时才知道，林彪用韬晦之计叫做"尺蠖之屈，是为伸也"，理解这句话有了形象的依据。

洋拉子：刺蛾，北京的枣树很多，枣虽好吃，洋拉子却很可怕。它有伪装术，浅绿色的和半个青枣差不多，软软的又像马蟥，浑身有细绒毛，一旦粘到手上身上，又红又肿奇痒无比，须用一块面团，最好是嚼过的口香糖，把看不见的细毛毛粘出来才好受些。

几种主要昆虫采集法简介

上一节介绍的各类采集法是指一般方法。由于各类昆虫的构造和生理特征上的差异，各类昆虫又有不同的采集处理方法。为了保证采集昆虫的质量，下面再介绍对几类昆虫的采集方法。

鳞翅目昆虫

鳞翅目昆虫包括蝶类和蛾类，其中有最美的和最大的昆虫，也有微小的和非常脆弱的昆虫。它们的身体和翅上都覆盖着鳞片，这些鳞片极易脱落，一旦擦去一部分，不但使标本失去了美丽，而且也降低了标本的价值，所以在处置标本时要特别注意这一点。蝶类是日出性昆虫，蛾类是夜出性昆虫。因此捕捉蝶类昆虫应在上午 10 点到下午 2 点这段时间，并且要到草地或花丛等处；捕捉蛾类则要在傍晚。在捕捉到蝶、蛾类的较大昆虫后，除用手将其胸部捏一下使其窒息外，还要在腹部用注射器注入氨水或草酸溶液，以便彻底杀死它们。

双翅目昆虫

虻

双翅目昆虫包括蚊、蝇、虻、蚋等仅具有一对翅的昆虫，这类昆虫身体细小，要用吸虫管采集。由于体表常有刺毛等构造，极易损坏，所以采到的标本不能与其他昆虫标本混合存放，要单独用指形管或小瓶存放。在采集这些昆虫的标本时，要注意了解它们的生活环境。如食蚜虻、长吻虻、寄生蝇等常喜欢停留在花丛间，其他双翅目昆虫多分散在池沼、小溪边。

膜翅目昆虫

膜翅目昆虫包括各种蜂类和蚂蚁，其中有体形极为微小的，如寄生蜂等，体型很小的要单独用小毒瓶装起杀死；体型大的种类可放到大毒瓶中杀死。但它们将死时会从口中冒出大量蜜汁一类物质，容易损坏毒瓶中其他标本，因此毒死后要及时取出单独存放。这类昆虫常可在花丛中、树木上或地面等处找到。

鞘翅目和半翅目昆虫

鞘翅目包括各种甲虫，半翅目包括蝽象类等昆虫，这两类昆虫一般体壁坚硬，在毒瓶中可以活得很久，所以将采集到的这类昆虫最好放在毒性较大的毒瓶中单独存放，避免相互碰撞损坏标本。这类昆虫通常飞行较少，行动较慢，容易捕捉。

直翅目和螳螂目昆虫

直翅目中的蚱蜢、蝗虫、蟋蟀、纺织娘等昆虫，螳螂目中的螳螂，这类昆虫在毒瓶中也是比较难毒死的，放在毒瓶中的时间可长一些或在毒瓶中添加药液，使其尽快死亡。

蚱　蜢

蝴蝶的采集方法

（1）蝴蝶在空中：挥动捕蝶网，待蝴蝶入网后，将网底向上甩，连同蝴蝶倒翻到上面来。

（2）蝴蝶在花上：先靠近蝴蝶，再惊动它，待它飞起后，猛挥蝶网，在花朵上方将蝴蝶捕入网内。这样可以避免将花朵一同挥进网里。

（3）蝴蝶在地上：靠近蝴蝶，用盖压的方法，将蝴蝶罩入网，再用右手将网底拉起，使蝴蝶向上飞，左手封住网口，这样，蝴蝶就逃不掉了。

（4）蝴蝶在树干上：用网口较小的捕蝶网，顺着树干自下而上靠近蝴蝶，向上挥动蝶网，网底要向上甩。

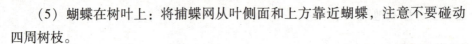
（5）蝴蝶在树叶上：将捕蝶网从叶侧面和上方靠近蝴蝶，注意不要碰动四周树枝。

（6）蝴蝶在阳光下：将捕蝶网从迎光的一面靠近蝴蝶再加以捕捉，以避免捕蝶网的投影将蝴蝶惊飞。

（7）蝴蝶再有刺的植物上：要等蝴蝶飞起后再捕捉，否则，植物上的棘刺会将蝶网纱钩住，拉破。

（8）诱捕蝴蝶的方法（昆虫、蛾可以用灯光）

①将腐烂的桃、香蕉等果实放入铁罐中，放在太阳下曝晒，促使其发酵。放置地可选择在山林小路上。

②将红糖、醋、黄酒掺在一起，加热后熬成糖浆。放置地可选择在粗大的麻栎树干上。

③用适量的盐化在水中，制成淡盐水。在郊野小溪旁，挖一个 10 厘米深、50 厘米直径的小坑，然后泼进盐水。

④将先捕到的雌性成虫用标本针定位在花上、草地上和水边，可诱来雄蝶。

⑤将各色花纸剪成花型，放置在草丛中。

对于其他昆虫，可根据上面的思路设计捕捉方法。

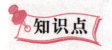

知识点

寄生蜂

寄生蜂是最常见的一类寄生性昆虫，属膜翅目，它们有 2 对薄而透明的翅膀，是膜翅目细腰亚目中金小蜂科、姬蜂科、小茧科等靠寄生生活的多种昆虫。这种蜂寄生在鳞翅目、鞘翅目、膜翅目和双翅目等昆虫的幼虫、蛹和卵里，能够消灭被寄生的昆虫。

分成外寄生和内寄生两大类。前者是指把卵产在寄主体表，让孵化的幼虫从体表取食寄主身体；后者是把卵产在寄主体内，让孵化的幼虫取食寄主体内的组织。内寄生形式者，被认为较为进化。

延伸阅读

画中昆虫

自然界的昆虫在中国画中被称作"草虫"。草虫画法有工笔和写意两种。一般来说，工笔花卉配工笔草虫，写意花卉配写意草虫。但有时大写意花卉配以极为工细的工笔草虫，反而使画面产生强烈的对比和节奏感，人们在领略了酣畅淋漓的意韵之后，再去细细品味毫发毕现的精致，更有一种深深的陶醉感。人们学画草虫，都要先从临摹自然界现实中的昆虫入手，一般是找到活的昆虫或标本，仔细观察它们的外形、色彩和各部位细部结构，加以写生，这样以后画起来心中更有把握；如果能再进一步了解它们的生活环境和习性，并回过头来认真研究名家作品，领悟他们描绘草虫的艺术手法，那么，你笔下的草虫则可以画得神形俱备、意趣盎然了。

著名画家齐白石是画草虫的高手，他画的草虫形神俱佳、活灵活现。特别是配上大写意的瓜果、花草之后，那些精细入微的草虫就更加显得细腻、出神入化，令人赏心悦目。

采集昆虫应注意的事项

能够做标本的昆虫要完整无损，这样才有观察研究的价值；昆虫有变态习性，同一种昆虫有不同形态，各形态阶段都要采捕，以便做生活史标本。因此，采集昆虫时，要注意以下方面。

全面采集

采集要全面要细心，凡采集到的昆虫不论大小要一律保管好，不要只要大的不要小的，只采漂亮好看的，不采丑陋的，也不要只采飞的跳的，不采不动的。初学昆虫采集的人，往往只采体型大的，不采体型小的；专采色彩鲜艳的，不采色彩暗淡的；只采特殊的，不采普通的；有了雄的不要雌的；有了成虫不管幼虫；只看到飞的而不去找隐蔽的，等等。然而昆虫中绝大部分都是一些体型较小、行动隐蔽和色彩暗淡的种类，不少重要害虫和珍贵种

类往往出自这类昆虫。

此外，还要注意采集变态昆虫的雌虫、雄虫、成虫、幼虫等不同发育阶段的个体，为了了解昆虫的生活史，这些都是研究的重要材料，不应随便取舍，所以必须要全面采集。

标本完整

注意标本完整性。在采集过程中尽量不损伤昆虫的各个部分，如附肢、触角、翅等。否则就降低了标本的价值，给标本的鉴定研究带来困难。

如果一份昆虫标本破烂不堪，翅破须断，对研究来说非常不便，其学术价值就会大为降低，甚至成为一个完全无用的材料。所以无论采集什么昆虫，不管使用什么工具和方法，都要尽量使采到的昆虫保持完整，这就必须注意采集、毒杀、包装、保存、运送以及制作等每一个环节，都要用正确的方法进行操作。

虽然标本应尽量争取完整，但也不是说有一点残缺就不要了，尤其是稀少的种类或只有 1~2 个标本，即使再破也要保留，在没有确定它的价值以前，决不要随便舍弃。

正确记录

所有标本均应有采集记录。记录内容包括采集号数、采集日期、采集地点、采集人姓名、栖息环境、寄主名称、采集点的海拔高度、生活习性等。其中采集日期、采集地点和采集人 3 项最为重要，应详细记录。昆虫采集记录无统一记录表格。为了野外记录方便，可按上述记录内容，自行设计采集记录表，印制成册，以利于记录和保存。同时，同地所采标本要单独一处存放，不要混放。

及时做好完整全面的记录。采到标本一定要及时做好记录，如采集时间、地点、采集人、采集环境、昆虫大小、体色等，不知名的昆虫，要编好号。若是害虫还要记上危害情况，发生数量等。

保护昆虫资源

采集昆虫标本时，所采的种类和个体数量，应以需要为依据，不要滥杀乱采。尤其是稀有种类和本地区特有种类，更应加以保护，因为稀有种和特有种，都是分布地区很窄，个体数量极少的种类，如果一网打尽，则以后不易再采到，甚至可能因此而绝种。

生活史

　　动物、植物、微生物在一生中所经历的生长、发育和繁殖等的全部过程，叫做它们的生活史。

　　生活史是生物学家很熟悉的概念，它可定义为物种的生长、分化、生殖、休眠和迁移等各种过程的整体格局。不同的物种具有不同的生活史特征，例如一年生、二年生和多年生的，一年中只生殖一次的和多次的，有休眠的和无休眠的等等。有卵、幼虫、蛹和成虫各个阶段的完全变态昆虫，有多寄生和复杂生活史的寄生虫，有改变栖息地的候鸟，彼此间生活史的差别是很明显的。比较各个物种的生活史特征，揭示其相似性和分异性，进而联系其栖息地环境条件，探讨其适应性，联系物种的分类地位，探讨各种类型和亚类型生活史在生存竞争中的意义，是现代生态学的一个重要任务。

　　生活史的关键组分包括身体大小、生长率、繁殖和寿命。

昆虫种类

　　最近的研究表明，全世界的昆虫可能有 1 000 万种，约占地球所有生物物种的一半。但目前有名有姓的昆虫种类仅 100 万种，占动物界已知种类的 2/3～3/4。由此可见，世界上的昆虫还有 90% 的种类我们不认识；按最保守的估计，世界上至少有 300 万种昆虫，那也还有 200 万种昆虫有待我们去发现、描述和命名。现在世界上每年大约发表 1 000 个昆虫新种，它们被收录在《动物学记录》中，所以，该杂志是从事动物分类的研究人员必须查阅的检索工具。

在已定名的昆虫中，鞘翅目（甲虫）就有 35 万种之多，其中象甲科最大，包括 6 万多种，是哺乳动物的 10 倍。鳞翅目（蝶与蛾）次之，有约 20 万种。膜翅目（蜂、蚁）和双翅目（蚊、蝇）都在 15 万种左右。

昆虫不仅种类多，而且同一种昆虫的个体数量也很多，有的个体数量大得惊人。一个蚂蚁群可多达 50 万个体。一棵树可拥有 10 万蚜虫个体。在森林里，每平方米可有 10 万头弹尾目昆虫。蝗虫大发生时，个体数可达 7 亿 ~ 12 亿之多，总重量约 1 250 ~ 3 000 吨，群飞覆盖面积可达 500 ~ 1 200 公顷，可以说是遮天盖日。

昆虫干制标本的制作

绝大多数的昆虫都可用干制法制成标本长期保存。干制昆虫标本在教学，科研、科普展览等方面有重要应用。用干制法制作昆虫标本需要一定的操作技术。使标本干燥以后，用昆虫针固定在标本盒里长期保存，这种昆虫标本称为干制标本。干制标本的制作多用于体型较大，翅和外骨骼比较发达的成虫。蛹和幼虫经过人工干燥以后，也能作成干制标本。

蛹

成虫干制标本的制作

第一步，软化。

采回的昆虫标本如不及时制作，放置时间一久，躯体就会干燥，关节、翅基会变得僵硬。这样的标本用来加工展翅、调姿，事先需要进行软化处理，否则不能动手操作。较稳妥的软化方法是把标本放入还软缸内，置放一定时间，待躯体、翅基、关节等软化灵活后，再按新鲜标本的方法来加工制作。存放在标本盒和标本柜内的昆虫标本，如果存放日久，虫姿变形，也可以把它们放到还软缸里，待软化后再重新调姿。

还软缸和干燥缸一样，只是在缸底放入湿沙，把要还软的标本放入缸内的瓷屉上（如果标本是装在三角纸袋内的，可连同纸袋一起放入缸内），同时把缸盖盖严。由于缸内湿度较大，逐渐润及标本，这就使虫体关节、翅基等关键部位得以软化。

还可以直接用干燥器软化，先在干燥器内底部铺上潮湿的细沙，再将装有昆虫的三角包放在干燥器内瓷盘上，为了防止标本发霉，应在沙面上滴上几滴石炭酸或甲醛溶液，最后将盖盖严。如果使用广口瓶，可在瓶内潮湿细沙上放一张滤纸，再在滤纸上放置装有昆虫的三角纸包。如果需要软化的昆虫不多，也可将三角纸包放在潮湿的净土层中，外面罩个玻璃罩进行软化。

进行软化的昆虫标本，由于虫体大小、质地以及放置时间不同，软化所需的时间也不一样。因此，标本放进缸内后要经常检查，检查时可用小镊子轻轻触动各关键部位，如果发现已经适当软化，就应立即取出，以免因软化时间过长，整个标本变得过度湿软而报废。此外，还要注意缸内标本切勿触及湿沙、浮水。一般情况，夏季三五日，冬季一周就可使昆虫软化如初。

第二步，针插。

干制的成虫标本除垫棉装盒的生活史标本外，一般都用插针保存。

①昆虫针的型号。昆虫针主要是对虫体和标签起支持固定的作用。目前市售的昆虫针都用优质不锈钢丝制成，针的顶端镶以铜丝制成的小针帽，便于手捏移动标本。按针的长短粗细，昆虫针有好几种型号，可根据虫体大小分别选用。

目前通用的昆虫针有7种，系用不锈钢制成，由细至粗，共有00号、0号、1号、2号、3号、4号、5号等7个级别。从0~5号，6个级别的针都带有针帽。只有00号不带针帽，其长度仅为其他各号针长的一半。

0号针最细，直径0.3毫米，每增加一号其直径增加0.1毫米，0~5号针的长度为39毫米。另外还有一种没有针帽的很细的短针，也叫"微针"、"二重针"，是用来制作微小型昆虫标本，插在小软木块或卡纸片上的；00号针自针尖向上1/3处剪下即可以作二重针使用。

②针插部位。还软的昆虫，要用昆虫针穿插起来。针插时，先要根据虫体的大小，选择适宜型号的昆虫针，即虫体小使用小型号针，虫体大使用大型号针。0、00号昆虫针专供穿插微小昆虫时使用。

昆虫种类不一，插针的位置也有所不同，这是由各种昆虫身体的特殊结构所决定，在国内外都有统一规定，绝不能随意更动，以免破坏被插昆虫的分类特征，使标本丧失完整性，甚至影响分类鉴定。

蝶蛾类等鳞翅目昆虫的插针部位在中胸背板中央；蜜蜂、胡蜂等膜翅目昆虫的插针部位在中胸背板靠近中央线的右上方；椿象等半翅目昆虫的插针部位在小盾片略偏右方；蜻蜓、豆娘等蜻蜓目昆虫的插针部位在中胸中央；金龟子、各种甲虫等鞘翅目昆虫的插针部位在右翅鞘的内前方；蝗虫、螽斯等直翅目的插针部位在前胸背板后方，背中线的偏右侧；蝇类等双翅目的插针部位在中胸靠右方。

③插针方法。用镊子或左手捏住昆虫的胸部，右手拿住昆虫针，从应插入部位插入。插针时，务必使昆虫针与虫体成90°角，避免插斜而造成标本前后、左右倾斜。

对于微小型昆虫如跳蝉、飞虱等不能直接插针，需用微虫针穿刺或用胶液粘在小三角纸卡上，然后用昆虫针固定。此法又名"二重针刺法"，其操作方法如下：

A．二重针刺法。用小镊子夹起虫体，按规定针位用微虫针垂直刺穿，并把标本插在小软木块上。然后用昆虫针穿插小木块。以三级台固定虫位，加插标签，标本和标签都位于昆虫针的左边。

B．胶粘法。把普通卡片纸剪成底边长0.4厘米，高为1厘米的微型三角卡，用昆虫针针尖沾一点乳胶，轻轻点在三角卡尖端上，然后用针尖把虫体粘起，放在点有胶液的三角卡尖端，并迅速向后撤针，以免把虫带起。这一操作最为关键，主要是针尖上胶液不能过多，再就是靠熟练的操作技术。粘好的标本如需调整，可用昆虫针针尖拨挑。

④虫在针上的位置。已插好针的标本，要进一步调理虫体在针上的适当位置，并使附插标签各就各位，做到层次分明、规格一致、便于移动、利于观察。插针时如虫位过高，即针帽至虫体距离过短，手指移动标本时就容易触伤虫体；虫位过低又影响下面所附插的标签。为了使虫体和标签保持适当距离，一般都是用三级台（又称平均台）来进行调理。

三级台用优质木块或有机玻璃板按一定尺寸分层制成，其总体长度为75毫米，宽25毫米，每层面积25平方毫米。最下层的厚度是10毫米，中层比下层高出8毫米，最高层比中层又高出8毫米。各层台面中央以5号昆虫针帽为准，垂直穿一针孔，其中最下层针孔直穿到底，中层针孔只穿到本层底，最高层针孔穿到中层底。

使用方法是将已针刺的标本反过来，针帽朝下，插入最下层针孔的底部，用镊子轻推虫体，使虫背紧贴本层台面，这样就算定好了虫背至针顶间的距离，所以此层又名"背距层"。然后将记录采集地点、日期的小标签放在最高层台面上，用针尖在标签的右端直穿本层孔底，如此又定下了采集地点、日期标签所在的位置。最后，定名的小标签是在中层针孔上插好的。于是，虫体、标签就都用三级台定好位置了。

二重针上的三角纸及软木条，插在三级台的第二级高度，虫体背部至针帽的距离，相当于三级台的第一级高度。体型较大的昆虫，可使下面两个标签的距离靠近些。

第三步，展翅。

对于无翅昆虫和鞘翅目、半翅目等目的昆虫标本，在针插后，只须把触角和足整理好，标本制作就完成了。但对大多数有翅昆虫来说，为了便于观察和研究，针插后还必须进行展翅。

初学者在展翅的时候常会感到无从下手，一不小心，翅面就破了，甚至残损报废，留之无用，弃之可惜。因此，同学们练习展翅技能时，宜选用虫体大小适中、虫翅比较柔韧的虫种，如菜粉蝶。

菜粉蝶也叫"菜白蝶"、"白粉蝶"，属鳞翅目、粉蝶科，在我国分布比较普遍，一般甘蓝、白菜、萝卜田间以及其他十字花科、豆科、蔷薇科等植物上都能采到。菜粉蝶一年中繁殖世代较多，虫态叠置，在甘蓝植株上常可同时采到卵、幼虫、蛹及植株上空飞舞的成虫，这对试制整套生活史标本十分有利。菜粉蝶的翅较柔韧，展翅时容易拨挑整理姿势，适于练习展翅的基本操作。对菜粉蝶的展翅技术熟练之后，练习其他蝶蛾类的展翅就比较方便，可收到循序渐进、触类旁通的效果。

①展翅板展翅法。蝶

菜粉蝶

蛾类昆虫标本，需要展翅保存，一般采用在展翅板上展制。

制作展翅板宜选用质量轻软的木材，如杉木、泡桐等木料制作，主要是质柔便于插针，尺寸可按标本比例制定。板面保持一定斜度，主要是为了展翅时使虫翅略为上翘，待干后虫翅回缩正好展平。右侧板面前后两端与底托凹槽的接触部分，各镶一条与凹槽相吻合的横木条，便于在槽内左右推动以调整沟槽的宽度。在底托右侧凹槽上穿孔安一个螺丝作为旋钮，为的是固定沟槽的宽度。沟槽底部贴一条软木板，用以插针。

也可把展翅板做成固定式的，需多做几种沟槽宽窄不一的样式，以便根据虫体大小来分别选用。

用展翅板展翅的操作步骤如下：

A. 调整工具。使用活板式昆虫展翅板，需先根据虫体（头、胸、腹）的粗细移动右侧板面，使虫体正好纳入槽内，以左右两侧不触及板体为准，不过宽或过窄，然后拧紧旋钮。

接着把插好针的虫体放进沟槽，针尖插在底部软木板上，并用小镊子上下调理虫体，使虫体背面与沟槽口面相齐。为使虫体稳定，可在其腹部两侧加插大头针固定，以防在展翅时左右摆动，干扰操作。

B. 制备纸条。展翅时主要是用大头针和纸条来固定虫翅，纸条的长度和宽度根据翅面大小来定。所用的纸应选择韧性较强、不易拉断的白纸，并按纸的纤维条理顺向剪开，这样的纸条就不致在固定虫翅时一拉就断。

不宜选用透明玻璃纸或其他透气性较差的纸，以免影响虫翅干燥而使翅面发皱。纸条制备不当，会影响展翅操作，既耗时间，还损害标本质量。

C. 挑翅固定。虫体在沟槽内固定后，就可以进行展翅了，一般直翅目、鳞翅目、蜻蜓目的昆虫，使两前翅后缘左右成一直线，后翅也展成飞翔状；双翅目、膜翅目的昆虫使前翅的顶角与头左右成一直线。

操作时，先展左侧前后翅，再展右侧前后翅，这样便于照顾两对翅的左右平衡。同侧的前后翅中，先展前翅，再展后翅。用纸条在前翅基部附近把虫翅压在板面上，纸条上端用大头针固定在翅前方稍远一点的位置上，左手拉住纸条向下轻压，右手用解剖针或昆虫针向上轻挑前缘。挑翅时要选择翅前缘较硬些的翅脉。此时边挑前翅，边看前翅内缘，挑到前翅内缘与虫体体轴垂直，再稍向上挑一点，以待虫翅干燥后向下回缩，正好与体轴相垂直。

然后把左侧触角沿前翅前缘平行压在纸条下面，接着挑展后翅。在不掩盖后翅前缘附近的主要斑纹特征的情况下，把后翅前缘挑在前翅内缘的下面，并拉直纸条，平盖在前后翅的翅面上，下端用大头针固定。用同样的方法，把右侧前后翅分别展开，同时也展开右侧触角，固定纸条，则左右两对虫翅便初步展成。为了加固翅位，保持翅面平整，在左右两对翅的外缘附近，再各加压一纸条。

不论是加固还是调姿用的大头针，都要向外斜插，既可加固针位，又不妨碍操作观察。

D. 调理虫姿。展翅后的标本，将昆虫头部端正，触角成倒"八"字形，腹部如内脏太多，可在展翅前将内脏取出，塞入适量脱脂棉。如果腹部向下低垂，可在下面垫些脱脂棉或软纸团向上托起；如果腹部向上翘起，则可用小纸条把腹部下压，以大头针固定。其他部位需要调姿时，也可照此办理。

E. 干制标本。展好翅、整好姿的标本，即可连同展翅板头朝上尾朝下地垂直挂在干燥的墙壁或木板上。要注意避免日晒，防止被其他昆虫咬损。一般有 7～10 天即可干妥。

F. 撤针取虫。标本干妥后，即可轻轻撤针，去掉纸条。应先撤两侧外边的纸条，再撤靠近翅基的纸条。不可胡乱撤针，以免损伤标本。撤针后用三级台调理虫位，加插标签。

G. 入盒保存。制成的展翅标本，可以放入标本盒（柜）内长期保存。

为了便于记住展翅操作要点，可记住 4 句口诀：针穿中胸槽内镶，四翅紧贴板面上，前翅内缘调角度，后翅前缘摆妥当。

②平板展翅法。蝶蛾类昆虫除用展翅板展翅外，还可用平板展翅。平板可选用平整的厚纸板，如瓦楞纸板，可发性聚苯乙烯泡沫塑料（俗称克发或泡沫塑料）板等。板面的大小可自由选定。展翅方法如下：

A. 将虫体腹面朝上，用昆虫针在中胸中央刺穿插在平板上，使虫背紧贴板面。

B. 用展翅板展翅一样的方法展开四翅，但后翅前缘要压在前翅的内缘上。

C. 干后撤针去掉纸条，轻轻退下原插的昆虫针，换上一根比原针稍粗的昆虫针，按原针孔插入中胸中央，再在三级台上调理虫位，加插标签，即可入盒保存。

③微小型昆虫展翅法。有些微小型蛾类，因虫体较小，用板槽过大的展

翅板展翅不方便，可以制备一种挖槽的小木块来展翅，称为展翅块。

展翅块的大小，一般是 35 毫米 × 35 毫米或 35 毫米 × 25 毫米，上面开一道或两道 5 毫米宽的沟槽。沟槽的底部中央穿一针洞，为稳定针位，可在针洞内塞一点棉花。

将已插针的标本插在槽底的针洞内，按照展翅板展翅的方法，先展开左侧前后翅，不用大头针和纸条，而是用细线（缝衣用的棉线或尼龙线，木块边棱处有小刀刻缝，线即嵌在缝中）压住已调好翅位的翅面。然后将线拉向右侧，用同样的方法展开右侧的前后翅，最后把线固定在另一缝中。

为了避免细线损伤翅面或干后留有线痕，可在翅面上垫一小块比较光滑的纸块，即可保持翅面平整无损。

④蝶蛾类胶带贴翅法。在日常使用中，蝶蛾类插针标本往往因为经常取放和传递观察而损坏，同时又鉴于蝶蛾类主要特征多位于翅面，因此，用透明胶带粘贴双翅制成贴翅标本，在教学中有一定应用价值。这里简要介绍几种贴翅标本的制作方法。

A. 单面贴翅法。根据翅面大小，选用 2 ~ 4 厘米宽的透明胶带和与翅面颜色相近的电光纸。

a. 用小镊子分别从翅基部取下四翅，任取一翅放在电光纸上，用胶带盖贴。盖贴时把胶带一端粘在翅前方的电光纸上，向下徐徐把胶带拉平，先贴住翅缘，再盖贴翅面，最后贴在翅面下的电光纸上，把胶带剪断。

b. 依次把四翅一一用胶带贴妥。用小圆头镊子尖沿翅边缘把胶带和电光纸压粘，使之更加牢固。

c. 把已压边的四翅，一一沿翅边缘外圈剪下，剪边时最好用小弯头剪刀，以便于弯转剪边。纸边要宽窄适度，过宽会失真，过窄则胶带和纸边不易粘牢。

d. 把已剪好的四翅，按展翅位置用胶水粘贴在一张大小适中的卡片纸上，接看再粘好触角。在卡片的下方注明标本名称、分类位置等，贴翅标本即告完成。

这种单面贴翅标本，只能看到翅的正面，不能看到翅的背面，一般多用于展览观看。

B. 双面贴翅法。与单面贴翅标本不同，双面贴翅标本正反两面均可看到，便于观察特征，容易保存。其操作方法如下：

剪下一段比虫体稍为宽大的透明胶带作为"载胶带"胶面向上平铺在

玻璃板上，铺放时不要触及胶面，暂时将四角固定。将已取下的四翅，按展翅位置——贴在载胶带上，要求贴平，一次贴好，因为贴后翅面不易移位矫正。接着把触角也贴在适当位置，并在标本下方加贴双面书写的小标签。

再剪取一段与载胶带大小相同的胶带作"盖胶带"，胶面向下先与载胶带的上边粘贴吻合，然后向下慢慢紧盖翅面，要稳贴平整，不产生气泡或皱褶，直到盖胶带与载胶带全部吻合，即可作为双面贴翅标本予以保存。

C. 胶片贴翅法。这种方法是用制作幻灯片的无色透明胶片做载胶片，以透明胶带做盖胶片的贴翅标本法。这种贴翅标本可将数种不同种的虫翅粘贴在较宽大的一张胶片上，便于分类观察。其操作方法如下：

先将胶片裁成八开或十六开纸张大小，再按欲粘贴的各种标本尺寸和贴放位置作好全面布局。

把其中的一种虫翅在预定位置按展翅虫姿连同触角一起平放在胶片上。由于胶片光滑，虫翅不易放稳，可在虫翅边角上微沾胶水予以暂时固定，触角上也照此暂时固定在适当位置上。标本下方放一两面写字的说明标签，最后用透明胶带将虫翅和标签全部粘盖。用这方法把其他各种虫翅也分别粘贴在胶片上，即成为胶片粘贴的分类标本。

成虫剖腹干制标本的制作

有些腹部较粗的成虫，如蝗虫等，欲制成干制标本，需将其内脏及脂肪等清除干净，填充脱脂棉，才易于长期保存。操作方法如下：

①将已死的虫体，用小解剖剪从腹面中央第二节至第五（或七）节剪开一纵缝。

②用镊子把胸腔、腹腔中的内脏和脂肪等内容物全部清除，再用脱脂棉把胸腔、胸腔的内壁擦拭干净。

③将脱脂棉撕成若干小块，用小镊子夹起小块脱脂棉沾上些樟脑粉，一块一块地向胸腔、腹腔内填入，直到填满体腔，恢复原来的虫态为止。

④把开缝处的棉纤维用镊子掫平掫好，再把开缝两侧的虫体表皮拉回原位展平。以后随着干燥，表皮逐渐回抱，无须线缝，开缝就更加吻合了。

⑤把虫体用昆虫针按规定针位插针固定在整姿板（厚纸板或聚丙乙烯板）上，整理虫姿。

⑥用大头针先固定三对足，一般是前足向前伸，中后足向后伸，摆出前足冲、中足撑、后足蹬的姿势，显示出跃跃欲跳的神气。然后用大头针把触角向两侧展开，连同整姿板平放干燥。

⑦标本干妥后，撤去大头针，用三级台固定虫位，加插标签，即可放入标本盒（柜）内保存。

成虫剖腹干制标本的操作口诀：腹面中央下剪刀，内脏脂肪往外掏，棉沾樟脑要填满，严覆剪口姿整好。

幼虫干制标本的制作

幼虫制成干制标本，一般采用吹胀法，具体制作方法如下：

将躯体完整的活幼虫平放在较厚的纸上或解剖盘中，腹面朝上，头向操作者，尾向前展直。用一玻璃棒（或圆木棍、圆铅笔杆）从头胸连接处向尾部轻轻滚压，使虫体内含物由肛门逐渐排出，以后逐次用力滚压数次，直到虫体的内含物全部压出，只剩一个空虫皮壳为止。注意操作时要轻、慢，不能急于求成，不然，用力不当可能胀破尾部，损坏标本。滚压时还要注意不要压坏虫体表皮或体表上的刺、毛。

取来医用注射器（带针管、针头，其大小可根据虫体大小而定），拉空针管将针头插入肛门，不宜过深，但过浅又易脱落，然后用一细线将肛门与尾部插针处扎紧，余线剪断。

将已插入针头的虫体连同注射器一起移到烘干器上加温吹胀，烘干器实际上是一个放在酒精灯架上的煤油灯罩，把扎在注射器上的虫体轻轻送进灯罩，即可点灯加热。

一面加热干燥，一面徐徐推动针管注入空气，这时要注意边注气边看虫体伸胀情况，并反复转动虫体，使之烘匀。待恢复自然虫态时即停止注气。虫体烘干后，即可移出灯罩，在尾部结扎细线上滴一滴清水，用小镊子把扎线退下，用一粗细适当的高粱杆或火柴棍从肛门插入虫体，插入的深度以能支撑虫体为度。然后在杆（棍）的外端插上昆虫针，用三级台固定虫位，插上标签，这时一个干制幼虫的标本就，已经制成了。另外，也可以用一个昆虫针扎穿一小块软木，再在小软木块上缠一细铁丝向左侧伸直，在铁丝上抹上乳胶，把干制的虫体粘在铁丝上。还可以在虫体腹面稍点一点乳胶，粘在用幻灯胶片剪成的小胶片上，然后在胶片的另一端插一标本针加以固定。

幼虫吹胀操作要点的口诀：腹面朝上头向己，圆棍由头往后挤，挤空内脏插针管，随吹随烘复原体。

蛹干制标本的制作

一般蛹的体壁比较坚硬，因此干制标本的制作方法比较简单，可用小剪刀将腹部中央的节间膜剪开一条缝，用镊子将腹内软组织取出，用脱脂棉吸干汁液，重新将剪口粘合，插上虫针，在幼虫干燥器烘干后，加签即可。

知识点

触 角

昆虫的头部有两根像"天线"一样的须，叫做触角，形状各异，十分奇特。

通常昆虫总是在左右上下不停地摆动触角，好像两根天线或雷达时刻在接收电波和追踪目标。因为触角上有许多感觉器和嗅觉器，与触角窝内的许多感觉神经末梢相连，又直接与中枢神经联网，非常灵敏，既能感触物体、感觉气流，又能嗅到各种气味，甚至是远距离散发出来的。

当受到外界刺激后，中枢神经便可支配昆虫进行各种活动。如二化螟的触角，可凭借水稻的气味刺激寻找到它的食物水稻，菜粉蝶的触角可根据接受到的芥子油气味很快发现它的食物十字花科植物。嗅觉最灵敏的是印第安月亮蛾，能从11千米以外的地方察觉到配偶的性外激素。有些姬蜂的触角可凭借害虫体上散发出的微弱红外线，准确无误地搜寻到躲在作物或树木茎干中的寄主。

对于某些昆虫，触角还有其他作用。例如水生的仰蝽在仰泳时，将触角展开有平衡身体的作用；水龟虫用触角帮助呼吸；萤蚊的幼虫用触角捕捉猎物；芫菁的雄虫在交配时用触角来抱握雌虫的身体；云斑鳃金龟的雄虫用触角发声，像蟋蟀一样，用于招引雌虫。

延伸阅读

昆虫局部结构标本的制作

除了制作整体的昆虫标本，还可以根据需要制成单项的昆虫局部结构标本。例如按昆虫的触角、足等制作出较有系统的系列标本，在丰富昆虫知识和采集制作内容等方面都有一定价值。

制作昆虫局部结构标本的原材料，可以有目的地进行专项采集，也可以从被汰除的昆虫标本中择取其可利用的部分加以利用。

制作方法比较简单，例如制作昆虫的各种类型的触角标本，可先用小镊子轻轻从各种昆虫的头部取下触角，放在一张大小适中的标本台纸上，调好位置和姿势，在每个触角的基部用一小点胶水暂时固定，然后采用透明胶带粘贴的方法，把这套标本粘好即可。

昆虫的足比较厚，用透明胶带不便粘贴时，可在虫足上微点一些乳胶，直接把它粘在标本台纸上，然后装盒或镶入小镜框内，也很完美。各种类型的昆虫局部结构标本，要分别加贴小纸签，注明所属类型，如再加注采自何种昆虫，那就更好了。

昆虫浸制标本的制作

将采集到的昆虫直接放入保存液中杀死、固定和长期保存，这样制成的标本称为浸制标本。凡是昆虫的卵、幼虫、蛹以及身体柔软、体型细小的成虫，都可以制作浸制标本。其操作步骤如下：

排空胃肠

采集或饲养的活幼虫，须先停食致饥，待它胃肠里的食物消化完毕，排尽残渣之后，再进行加工浸渍。目的是为了防止虫体污腐不洁，污染浸渍溶液。

热水浴虫

为防止虫体浸渍后皱曲变形，需在浸渍前加热处理，使虫体伸直，充分暴露出虫体特征，然后再投入浸渍液中。一般常用热水浸烫。放在火上的开水容器中浸烫不易掌握火候，时间过长会使虫体破损，标本报废。比较稳妥的方法是把热水（90℃左右）倒入玻璃容器，将虫放入，然后在容器上加盖，容器内的热水和蒸气将虫致死，使虫体伸直。这种方法叫"热浴"。热浴的时间，可根据虫体的大小和表皮坚柔、厚薄程度等具体情况灵活掌握，一般虫体小而柔嫩的可热浴 2 分钟左右，大而粗壮的需要 5~10 分钟，一待虫体致死伸直，即可开盖取出，稍凉后再浸入标本液。

浸液选择

浸渍标本效果的好坏，主要取决于浸渍溶液的选用和制备。浸渍溶液有多种配方，主要起固定、防腐作用，浸渍前要根据虫体的质地、体色等来选用。一般常用的浸渍溶液有以下几种：

①酒精浸渍液。用酒精做保存液浸制标本是一种常用的方法，通常是把酒精加水稀释成75%的溶液。酒精对虫体有脱水固定作用，直接投入75%酒精溶液中的虫体脱水过快，会发硬变脆。为了不影响标本质量，在实际操作时可先将虫体放进30%的酒精溶液中停留1小时，然后再逐次放入40%、50%、60%、70%酒精溶液中，每次处理均各停留1小时，最后放在75%酒精浸渍液中保存。用酒精浸渍液保存的标本比较干净，肢体完整舒展，便于观察，尤其是附肢较长的昆虫和蚜虫标本，用此法保存比较理想。

这种方法的缺点是虫体内部组织仍然较脆，提供解剖实验用时容易碎裂，妨碍系统观察。大量标本初次投入酒精浸渍液后，由于虫体内部脱出的水分会把浸渍液冲淡，所以应在半个月后更换一次，经久不换会使某些标本变黑或变形。酒精极易蒸发，保存期间还应注意容器塞盖严密。为缓解虫体在酒精中浸渍的脆度，也可在酒精中滴入0.5%~1%的甘油，使虫体体壁变得较为柔软。此外，在配制酒精浸渍液和其他浸渍液时，用水一般都用蒸馏水，酒精选用医用酒精，这样配制成的溶液清澈透明，观感较佳。

②福尔马林浸渍液。把福尔马林用蒸馏水稀释成2%~5%的溶液，即可用做浸渍液保存标本。此法简单、经济、防腐，缺点是虫体易肿胀，肢体易落脱。

③醋酸福尔马林酒精浸渍液

配制方法：75%酒精150毫升、冰醋酸40毫升、福尔马林60毫升、蒸馏水300毫升。

由于单用酒精会使虫体硬脆。单用福尔马林又易使虫体肿胀。将它们混合使用，即可缓解单用的某些不足，对虫体组织固定作用好，尤其适于固定微小昆虫。但是，用这种混合液经久保存虫体仍易变黑，容器内还会出现沉淀物，必须经常检查，酌情更换，才能保持标本的清洁。

④醋酸白糖浸渍液

配制方法：无杂质的纯白糖 5 克、冰醋酸 5 毫升、福尔马林 5 毫升、蒸馏水 100 毫升。使用醋酸白糖浸渍液保存标本，可在一定时间内对绿色、红色、黄色的虫体起保色作用。缺点是虫体易瘪。

昆虫标本浸渍液的配制方法比较多，各有优点和不足。关键是要根据虫体结构和药物原理分别采用不同的浸渍液，并在实践中摸索和积累经验，不断提高浸渍标本的质量。

浸制方法

浸制标本的制作方法简单。对于卵和细小昆虫，可以直接放入指形管中，加入保存液保存。对于体型较大的幼虫和蛹，要先在开水中煮沸 5 ~ 10 分钟，直到虫体硬直，再放入指形管中加保存液保存。标本经过这样处理，不易变色和收缩。对于其中的幼虫，体内水分较多，应在浸制过程中，更换几次保存液，以防虫体腐烂。

指形管中的保存液的量一般是容积的 2/3。盖好橡皮塞以后，要用蜡封好，然后贴上写好的标签。标签要用毛笔写，项目有采集号、名称、采集时间、采集地点和寄主植物名称等。

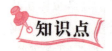知识点

醋酸

醋酸又称乙酸，广泛存在于自然界，它是一种有机化合物，是典型的脂肪酸。被公认为食醋内酸味及刺激性气味的来源。在家庭中，乙酸稀溶液常被用作除垢剂。食品工业方面，在食品添加剂列表 E260 中，乙酸是规定的一种酸度调节剂。

延伸阅读

昆虫生活史标本的制作

昆虫一生中有各种形态，完全变态的昆虫有卵、各期幼虫、蛹和成虫等；不完全变态的昆虫有卵、幼虫、成虫等。在采集时，一定要注意全面采集，尽量采到各期形态的虫体，同时将它们吃的食物一同采下，作成浸制标本（把昆虫各期个体按顺序捆到玻璃上，然后放入标本瓶倒入浸泡液）。也可做干制标本（按各期放入昆虫盒，盒里填上棉花，盒内放上樟脑丸或克鲁苏油）。

制作昆虫生活史标本，通常是将某种昆虫的各态（卵、幼虫、蛹、成虫）及其寄主植物的被害部分，一起装配在玻璃面的标本盒内。

标本盒一般用厚草板纸制成，盒盖镶上玻璃。标本盒的尺寸，通常是32厘米（长）×22厘米（宽）×（2~3）（高）厘米。盒内垫放脱脂棉，垫棉的方法与盒装植物标本相同。垫棉后即可将制备好的标本按预定布局——就位，并在各虫态及被害植物下面分别贴上小纸签，注明各虫态和被害植物的名称，再在棉层的右下方放一标本签，盖上玻璃盒盖，用大头针固定，即可保存、使用。

制作盒装生活史标本，需要注意以下几点：

①放入盒内的成虫标本，如需展翅，可用展翅板展好后把昆虫针退下来，再放在盒内的棉层上面。

②幼虫可以用吹胀法干制，制好后不必另加玻璃管，直接放入盒内的棉层上；如不便干制，则需装在适当大小的玻璃瓶管里液浸，但瓶、管口要密封，以防漏液污染标本。

③卵和蛹能干制的即干制入盒，不能干制的，根据具体情况，也可像幼虫那样用液浸法保存。

④垫棉之前，需在盒底放些樟脑一类的防腐、防虫剂。

 昆虫标本的保存

昆虫标本的保存工具

（1）标本盒。用来保存针插干制标本。标本盒用轻质木材或坚厚的纸板制成。为了便于存放，标本盒大小有一定规定，盒盖上装有玻璃，便于隔盖观察盒内标本。为防止虫害或菌类侵入，盒盖和盒体之间要有凹凸槽口相接，使其尽量密合。盒底铺有软木板，便于插下昆虫针。这种标本盒的容量大，适宜存放，可作为展览、观摩和教学标本用。

盒装标本需粘贴分类标签，以便取放管理。常用的标本盒有两种规格。

标本盒内的边角处另粘一两个带孔的小三角纸盒，盒内放有防腐、防虫剂，以防发霉或虫蛀。

（2）标本柜。是保存干制标本的专用柜。其规格应为双层双门、高 205 厘米、宽 115 厘米、深 50 厘米。柜内中央有一纵向的隔板，上下层横向再各辟为 4 格，在各格中存放标本盒。柜的最下层装有一块活板，里面放入吸潮、防虫药品。

（3）指形管和标本架。用于保存浸制标本。指形管的规格应该一致，一般高 7 厘米、直径 2.2 厘米，上面盖以橡皮塞。与指形管相配套的是标本架，指形管装入保存液和昆虫标本后，应摆放在标本架上保存。

（4）浸制标本柜。是保存浸制标本的专用柜。其结构与上述标本柜相同，只是每层的隔板要厚，以便能承受指形管的保存液重量。在隔板正面沿前后方向钉上固定标本架的木条，标本架下也应挖有与木条相吻合的凹槽，插放标本架时将凹槽对准隔板上的木条，便抽拉自如。

昆虫标本的保存方法

（1）未加工的昆虫标本保存。尚未加工的保留标本，如果是装在三角袋内的，可原袋不动地放入木盒或纸盒内暂时保存；如果是裸露的昆虫标本，可放入木盒或纸盒内，按类分层置于垫棉上，盒内要放些防腐剂和防虫剂。

未经加工的昆虫标本还可放在玻璃干燥缸内保存。

在玻璃干燥缸缸底放些氯化钙或硅胶等干燥剂，把标本放到缸中的瓷屉上，然后盖上缸盖。缸盖底边和缸口边缘都是磨砂口边，盖封比较严密，但在使用时还得在缸盖和缸口相接触的口边上涂些凡士林，这样缸口可以封闭更严，揭盖或盖盖时，需要用手平推缸盖，才易揭开或盖上。

（2）昆虫干制标本的保存。要及时放入标本盒并加药保存。霉雨季节尽量不开启盒盖，雨季过后应进行检查，随时添加防潮、防虫和防霉药剂。一旦发现虫害，要及时用药剂熏杀。

如有条件，应制作标本柜，收藏全部标本盒。如不能制作标本柜，也应将标本盒存放在其他类型的柜橱中，以便于集中保存管理。

（3）昆虫浸制标本的保存。浸渍昆虫标本多在指形管内保存。根据虫体大小，标本可分装在若干管内，管内放耐浸小纸签。其上用铅笔注明标本名称等，用石腊封严管口，置于标本管架上。

标本管架是一个木制的长方形框架，正面镶装长条玻璃，既能挡稳标本管，又能透视管内的标本。管架的一个端面装着带有拉手的卡片框，既可放分类卡片，又可拉标本架。管架的尺寸通常是高 8.5 厘米，长 40 厘米，宽 3.5 厘米，架内实际宽度是 2.5 厘米。

放在管夹内的浸渍标本，要注意经常添换标本液，并避免日晒。

数量多的标本管架，需集中分放在浸渍标本柜内，以利于保存管理。

用玻璃管保存的浸渍昆虫标本，也可放在广口瓶（罐）内集中保存。

利用罐头玻璃瓶装标本管，需配上塑料盖，倒进一些标本液，并注意适时添注，各个标本管口可不塞瓶塞，只需放些脱脂棉，即可保持各管内的标本液经常饱满。然后把罐放入一般柜（橱）内保存。

（4）盒装标本需放标本柜橱内保存，注意防潮、防晒、防虫。

昆虫标本的去霉

干制的昆虫标本如不慎受潮，虫体发霉，应及时进行护理。

鳞翅目（蝶、蛾类）昆虫体上发霉时，可用毛笔沾些酒精（也可在其中加些石炭酸），用笔尖轻轻"点刷"虫体，做到既能刷及霉污，又不触损虫体，尤其注意不要刷落虫翅上的鳞片和虫体上的细毛。

其他种类的昆虫标本发霉时，也可以照此办理。如果在酒精中滴入几滴甘油，则在刷除霉污的同时还能使标本焕然一新，这对鞘翅目昆虫标本的效果尤其明显。

经过轻刷去霉的标本，可待晾干以后继续保存。

甘　油

　　无色澄明黏稠液体，无臭味，有暖甜味。能从空气中吸收潮气，也能吸收硫化氢、氰化氢和二氧化硫。对石蕊呈中性。长期放在 0℃ 的低温处，能形成熔点为 17.8℃ 有光泽的斜方晶体。遇强氧化剂如三氧化铬、氯酸钾、高锰酸钾能引起燃烧和爆炸。能与水、乙醇任意混溶，1 份本品能溶于 11 份乙酸乙酯，约 500 份乙醚，不溶于苯、氯仿、四氯化碳、二硫化碳、石油醚和油类。相对密度 1.263 62。熔点 17.8℃。沸点 290.0℃（分解）。折光率 1.474 6。闪点（开杯）176℃。半数致死量（大鼠，经口）大于 20ml/kg

　　甘油为气相色谱固定液（最高使用温度 75℃，溶剂为甲醇），分离分析低沸点含氧化合物、胺类化合物、氮或氧杂环化合物，能完全分离 3 - 甲基吡啶（沸点 144.14℃）和 4 - 甲基吡啶（沸点 145.36℃）。适用于水溶液的分析，溶剂，气量计及水压机缓震液，软化剂，抗生素发酵用营养剂，干燥剂，润滑剂，制药工业，化妆品配制，有机合成，塑化剂。

昆虫的生活场所

　　昆虫种类这么多，因此，它们的生活方式与生活场所必然是多种多样的，而且有些昆虫的生活方式和生活本能的表现很有研究价值。可以说，从天涯到海角，从高山到深渊，从赤道到两极，从海洋、河流到沙漠，从草地到森林，从野外到室内，从天空到土壤，到处都有昆虫的身影。不过，要按主要虫态的最适宜的活动场所来区分，大致可分为 5 类。

（1）在空中生活的昆虫：这些昆虫大多是白天活动，成虫期具有发达的翅膀，通常有发达的口器，成虫寿命比较长。如蜜蜂、马蜂、蜻蜓、苍蝇、蚊子、牛虻、蝴蝶等。昆虫在空中活动阶段主要是进行迁移扩散，寻捕食物，婚配求偶和选择产卵场所。

（2）在地表生活的昆虫：这类昆虫无翅，或有翅但已不善飞翔，或只能爬行和跳跃。有些善飞的昆虫，其幼虫期和蛹期也都是在地面生活。一些寄生性昆虫和专以腐败动植物为食的昆虫（包括与人类共同在室内生活的昆虫），也大部分在地表活动。在地表活动的昆虫占所有昆虫种类的绝大多数，因为地面是昆虫食物的所在地和栖息处。这类昆虫常见的有步行虫（放屁虫）、蟑螂等。

（3）在土壤中生活的昆虫：这些昆虫都以植物的根和土壤中的腐殖质为食料。由于它们在土壤中的活动和对植物根的啃食而成为农业、果树和苗木的一大害。这些昆虫最害怕光线，大多数种类的活动与迁移能力都比较差，白天很少钻到地面活动，晚上和阴雨天是它们最适宜的活动时间。这类昆虫常见的有蝼蛄、地老虎（夜蛾的幼虫）、蝉的幼虫等。

（4）在水中生活的昆虫：有的昆虫终生生活在水中，如半翅目的负子蝽、田鳖、龟蝽、划蝽等，鞘翅目的龙虱、水龟虫等。有些昆虫只是幼虫（特称它们为稚虫）生活在水中，如蜻蜓、石蛾、蜉蝣等。水生昆虫的共同特点是：体侧的气门退化，而位于身体两端的气门发达或以特殊的气管鳃代替气门进行呼吸作用；大部分种类有扁平而多毛的游泳足，起划水的作用。

（5）寄生性昆虫：这类昆虫的体型比较小，活动能力比较差，大部分种类的幼虫都没有足或足已不再能行走，眼睛的视力也减弱了。有些寄生性昆虫终生寄生在哺乳动物的体表，依靠吸血为生，如跳蚤、虱子等。有的则寄生在动物体内，如马胃蝇。另一些昆虫寄生在其他昆虫体内，对人类有益，可利用它们来防治害虫，称为生物防治。这些昆虫主要有小蜂、姬蜂、茧蜂、寄蝇等。在寄生性昆虫中，还有一种叫做重寄生的现象。就是当一种寄生蜂或寄生蝇寄生在植食性昆虫身上后，又有另一种寄生性昆虫再寄生于前一种寄生昆虫身上。有些种类还可以进行二重，或三重寄生。这些现象对昆虫来说，只是为了生存竞争的一种本能。

我国鸟类的分布概况

我国是一个生物资源非常丰富的国家，全国有许多适合鸟类栖息的环境，所以我国是世界上鸟类最多的国家之一。现今全世界的鸟类有 8 616 种、我国就有 1 116 种，约占世界鸟类种数的 1/8。广泛分布于森林、草原、农田、居民点和各种水域中，现分述如下。

森　林

在我国东北针阔叶混交林地区，常见种类有斑翅山鹑、黑啄木鸟、红交嘴雀、旋木雀、太平鸟、大山雀、煤山雀、沼泽山雀等。到林缘沼泽地带度夏产卵的有天鹅、鸳鸯、丹顶鹤、鸿雁、豆雁、灰雁、绿头鸭、绿翅鸭等，其中天鹅、鸳鸯和丹顶鹤是本地区的稀有鸟类。

绿头鸭

在华北落叶阔叶林地区，以雉科、鸦科较为常见，如雉鸡、勺鸡、石鸡、喜鹊、灰喜鹊、红嘴蓝鹊、红嘴山鸦、小嘴乌鸦、星鸦等。其他常见的鸟类有黑卷尾、紫啸鸫、北红尾鸲、黑枕黄鹂、鹪鹩、灰眉岩鹀、三道眉草鹀、黑枕绿啄木鸟、白背啄木鸟等。

在我国南方常绿阔叶林地区，鸟类呈南北混杂现象；主要分布在北方的禽鸟也在本区繁殖，如银喉山雀、黑尾蜡嘴及一些鸦类等。本区与其南方共有的种类更多，如白鹭、牛背鹭、八哥、发冠卷尾、鹧鸪、竹鸡、噪鹃、粉红山椒鸟以及画眉、鹩等。冬寒时许多野鸭、雁类以及鹌鹑，迁到长江流域越冬。

草　原

草原上鸟类种类和数量均不多，广泛分布的常见种有云雀、角百灵、蒙古百灵、穗鹏、沙即等。在沙丘地区的沙百灵也相当多。草原东部的鸟类组成比较复杂，有些季节性迁来或过路的鸟类，如黄胸鸦、灰头鸦等。它们在某些生境中占有重要地位。猛禽有鸢、金鹏、雀鹰、苍鹰、大鵟等。草原上最引人注意的是大鸨和毛腿沙鸡，它们善于在地面奔走和长距离迁飞。草原的水域及其附近，是鸟类最多的地方。夏季，常大量聚集着白骨顶。其他如大苇莺、凤头麦鸡、田鹬、各种野鸭、疣鼻天鹅、大麻鹭、凤头鹏鹏等也迁来繁殖。

农田和居民点

农田中常见鸟类有喜鹊、寒鸦、黑卷尾、灰掠鸟、珠颈斑鸠、红尾伯劳等。猛禽方面常见种有红脚隼、鸢等。沿河边常见的有白鹡鸰、戴胜、黑脸噪眉、白头鹎、绿鹦嘴鹎等。

居民点的常见鸟类有家燕、金腰燕、白鹡鸰、楼燕、喜鹊、火斑鸠、黑枕黄鹂、黄胸鸦、鹊鸲、斑头鸺鹠、麻雀等。

野 鸡

秋沙鸭

水 域

水域中常见鸟有小鹏鹏、凤头鹏鹏、红骨顶、白骨顶、大麻鹭、豆雁、针尾鸭、绿翅鸭、凤头潜鸭、普通秋沙鸭，以及各种鸥类等。

常见于南海诸岛的有红脚鸥、红脚鲣鸟、褐鲣鸟、金鸻、翻石鹬、小军舰鸟；在东海还有中贼鸥。我国沿海一带还有

白额鹱、银鸥、黑嘴鸥、黑尾鸥、海鸥、普通燕鸥、黑嘴端凤头燕鸥和三趾鸥等。

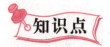**知识点**

聚落

　　人类的各种集居地，叫做聚落。各种职能不同、规模不等的城市、集镇和村落都是居民点。从本质上说，各种居民点都是社会生产发展的产物，它们既是人们生活居住的地点，又是从事生产和其他活动的场所。例如人们到一个地方去开垦荒地，经营林业，放牧牲畜或养殖、捕捞水产，由于生产和生活的需要，便选择适当地点，建造房屋，定居下来，逐渐形成了村落。随着经济、政治、军事、宗教等活动的发展，逐渐形成城市、集镇等各类居民点，构成居民点体系。现代的居民点，由于工业、交通、科学文化、商业、服务行业等的高度发展，吸引并集聚了大量人口（见城市化），形成现代社会的各种城市、集镇、村落，构成了比过去远为复杂的居民点体系。

**延伸阅读**

鸟类祖先

　　鸟类的祖先是什么，这一科学之谜困扰了人类100多年。

　　辽西丘陵地带和冀北地区，旧称"热河"。一个世纪前，人类在这里发现了数量极多的鱼类化石。到目前为止，这一地带已发现植物化石60多种、无脊椎动物上千种、脊椎动物70种。科学家将这里称为"热河生物群"。科学家还断定，1亿多年前，这里山川秀丽、水草丰美，生物极多。因为频繁的火山活动，动植物周期性地被火山喷出物和河流沉积物覆盖，化石才得以很好地保存下来。

　　100多年前，有人估计鸟类可能是由恐龙变来的。但在以往的发现和研究中，从未发现任何鸟类以外的动物身上有羽毛。然而，从 1996 年起，古生物学家相继在热河生物群化石带，发现了中华龙鸟、原始祖鸟、尾羽龙、北票龙、中国鸟龙、小盗龙、原羽鸟等恐龙化石，尾部或前肢上长有绒毛状羽毛，尤其是原始祖鸟的尾巴上，长满了装饰性的扇状羽毛，表明了羽小肢的存在。这些保存完好的化石，显示了鸟类的肩带、翅膀、龙骨突等身体形态的进化过程。科学家们据此认为，现代的鸟类就是恐龙的后代，恐龙仍与人类生活在同一蓝天下。

"甘肃鸟"是今鸟类已知最古老成员。今鸟类包括所有现代鸟类及其直接化石祖先，出现于 1.4 亿—1.1 亿年前的白垩纪早期，它与肩部骨骼结构相反的反鸟类是鸟类进化中两大分支，都源于"始祖鸟"。

鸟类的识别

用网具采集鸟类，只能采集到灌丛和树上的少数鸟种，为了认识各种各样的鸟类，应该在鸟类生活的自然环境中，对鸟类从形态特点、羽毛颜色、活动姿态和鸣声等方面进行实地观察。用这种方法去识别鸟类，既保护了鸟类资源，又培养了同学们从事鸟类研究的基本能力。

野外识别前的准备工作

（1）提出一份本地区的鸟类名单。名单应包括在观察期间本地区可能存在的全部鸟类，包括留鸟、候鸟和过路鸟，以作为同学们野外识别的基础。这里所说的"本地区"，不是行政区域，而是指进行本项活动时要去的某座山、某片森林或某个湖泊等等。这样的鸟类名单，就会有针对性，能基本作到按名单上的种类一一进行观察。

（2）观看有关鸟类标本。可按上述鸟类名单内容，组织同学们观看鸟类剥制标本。如果本校有这方面的标本，可在校内观看，如条件不具备，可组织同学们到自然博物馆、或科研单位、大专院校的标本室观看学习。如果有鸟类活动的录像片或鸣叫的录像带，可组织同学们进行观看和收听，但这种录像片和录音带必须针对性很强。总之要力求在野外活动开展以前，先使同学们对要识别的鸟种有一个初步了解，为野外识别打下基础。

（3）准备好野外观察识别的用具。这方面主要有望远镜、照相机、收录

机、海拔仪、指北针、记录本、铅笔以及生活用品等。

野外识别鸟类的根据

（1）形态特征。形态特征是识别鸟类的基本方法，主要有身体形状和大小、喙（嘴）的形状、尾的形状和腿的长短等 4 个方面。身体形状和大小方面，为了使同学们容易识别，老师应将观察地区的全部鸟类，按其形状、大小，分为若干类，每一类举一个同学们熟悉的鸟种，作为该类的模型，如麻雀、喜鹊、老鹰、鸡、鸭、鹭等。在野外遇到一种不认识的鸟种时，老师可用与该鸟种同类的模型鸟，引导同学们进行观察、对比。这样去识别鸟类，就会认识深刻、记忆牢固。至于喙、尾形状和腿的长短，也应运用对比的方法引导同学们进行观察识别。

麻 雀

（2）羽毛颜色。观察羽毛颜色时，应顺光观察，以免因逆光观察而产生错觉。观察时，除了整体颜色外，还应看清头、背、尾、胸等主要部位的颜色。此外，如时间允许，还应观察头顶、眉纹、眼圈、翅斑、腰羽和尾端等处是否有异样色彩，因为这些部位的颜色，也都是分类的重要依据。

（3）飞翔与停落时的姿态。当鸟类在空中飞翔、或逆光观察以及距离较远时，很难看清它的形态和羽毛颜色，此时可根据它飞翔和停落的姿态进行大致判断。

（4）鸣声。鸟类一般都隐蔽在高枝密叶之间，很难发现它们。此时如果鸟类正处于繁殖期，由于发情而频繁鸣叫，而它们的鸣声又因种而异，各具独特音韵。这样，我们就可以根据其鸣声特点来判断种类。用鸣声来识别鸟类，常常可闻其声而知其类，收到事半功倍的效果。

野外识别鸟类的方法

到达观察地点时，为了能对当地鸟种进行充分观察和识别，应尽量不被鸟类发现。行动应该轻捷，说话声音要小，衣着应与环境色调接近，不要穿红色和白色衣服，活动小组的成员应相对分散行动，尽可能保持宁静状态。这样，鸟类就不会被惊动而飞走。

发现鸟类后，可以用望远镜搜索和观察，并且及时选择角度进行拍照。对于鸟类的鸣声，在根据声音进行识别的同时，应进行录音，为返校后进一步判断提供资料。

在一个地点观察完毕准备转移前，应及时作好记录。

知识点

喜 鹊

喜鹊，鸟纲雀形目鸦科鹊属的一种。共有10亚种。喜鹊体型较大，羽毛大部为黑色，肩腹部为白色。喜鹊多生活在人类聚居地区，喜食谷物、昆虫，一般3月筑巢，巢筑好后开始产卵，每窝产卵5~8枚。喜鹊肉可入药。喜鹊叫声婉转，在中国民间将喜鹊作为吉祥的象征，牛郎织女鹊桥相会的传说及画鹊兆喜的风俗在民间都颇为流行。

延伸阅读

驰 龙

驰龙的样子古怪：全身有1.8米长，两条腿很细，中间靠内的脚趾上长着镰刀形的爪，尾很长，有成束的棒状骨，使尾巴变得僵硬。但是，真正让这个生物不同寻常的不是它的身体框架，而是外覆的东西：它从头到脚都覆盖着松软的绒毛和原始羽毛。

自从一个国际研究小组的成员4月份宣布他们在中国东北发现了这块有

1.3 亿年历史的化石以后，有些古生物学者一直在欢呼雀跃。这种满身羽毛的生物可能证明鸟类直接从恐龙进化而来：科学家已经为此激烈争论了几十年。

过去人们也曾发现驰龙。但是，在此以前，由于化石保存得不够完好，科学家一直不能确定它是否长有羽毛。这只全身长满羽毛的恐龙是迄今为止表明恐龙是鸟类直接祖先的最好证据。

但是，对于那些认为鸟类与恐龙在进化谱系中属不同分支的古生物学家来说，这项发现或许会让他们失望。尽管如此，他们尚未放弃。他们指出，还存在另一种可能性：恐龙和鸟类或许都有羽毛，因为它们拥有共同的祖先。因此，这项发现并未结束关于鸟类与恐龙到底是否存在关系的争论。但是，它却引出了羽毛起初有何作用的新理论。驰龙尽管长着羽毛，但从解剖学上看显然不会飞。有些专家提出，它的羽毛或许只用于保暖。

鸟类标本的制作

鸟类的身体结构较为复杂，一般制成剥制标本。剥制标本的制作是动物学标本制作中一项十分重要的技能技巧。剥制标本不仅常被用到鸟类动物、脊椎动物科的研分类上，如借助各种剥制标本查对分类检索表等，而且在教学上也有重要意义，经常作为直观教具和实验观察材料，进一步理解动物各目、科、种的基本形态特征。

剥制标本的制作，通常可分 7 个步骤，即观察选材；处死清理；测量记录，皮肉剥离；防腐还原；支架填充；固定整形。深入掌握这 7 个步骤，真正做出一件合格的剥制标本，并不是容易的事情。它要求制作者必须具备一定的动物学基础知识；有敏锐的观察能力和认真严肃的工作态度；掌握一定的操作技能并有相当的艺术修养。这些要求对初学者来说，也许有些偏高，但如能细心钻研，勤做多练，按序施术，要掌握初步的剥制技术也不是很难。刚开始做剥制标本可能不太成功，不是神态不像就是填充的体形失真，因此，学做剥制标本的关键就是多学、多观察、多练、多做。

本节以家鸽为例，具体讲述动物标本制作中剥制标本的详细制法。

主要材料和工具

解剖盘、解剖剪、解剖镊、解剖刀、小烧杯、软毛刷、针、线、棉花、麻刀（或碎锯末）、新鲜石膏粉、纱布、仪眼（直径为 6～8 毫米）、木板（长 15 厘米、宽 10 厘米）、铁丝（14～16 号）。

药品及防腐剂的配制

①药品：硼酸、明矾粉、樟脑、三氧化二砷、肥皂、水、甘油等。
②防腐剂的配制

三氧化二砷防腐膏：取 4 克切成薄片的肥皂放入烧杯，加 10 毫升水浸泡几小时后隔水加热使其熔化；然后加入 5 克三氧化二砷及 1 克樟脑，用玻璃棒搅拌均匀；最后加进少许甘油调匀，冷却成糊状即可使用。这种防腐剂具有保护羽毛不致脱落以及防止皮肤腐烂和虫害侵袭的作用，所以特别适用于鸟类。

硼酸防腐粉：具有防腐和保护毛发的功能，无毒，使用安全。将硼酸 5 克、明矾粉 3 克、樟脑 2 克，一起放入研钵中研磨成粉末，混合调匀后即可使用。

观察选材

制作标本前，先要对制作对象进行认真细致的观察。如果是用活体家鸽做标本，就要看看这只家鸽的羽毛是否完整；啄脚是否齐全；皮肤有无损伤；然后对它进行认真的观察和分析，包括身体各部分比例和凹凸情况，行走时的姿势，停下时的神态，起飞时的动作等等，并把这些一一记录下来，以便根据这些特点进行整形。

如果用死的家鸽做标本，首先要检查这只家鸽是否具备制作标本的条件。比如，如果死了的家鸽躯体已经腐烂，那么制成标本后羽毛就极易脱落。检查鸟体是否已经陈腐，可以用手撤拉一下它的面颊和腹部羽毛，如果不脱落，其他部位的羽毛也完整，那就可以使用。

活鸽处死

因为大量血液的凝固是需要一定时间的，因此在使用活体鸟类作剥制标本时，为使血液不污染鸟体，羽毛干净整洁，就得在剥制前一两小时将鸟体

鸽 子

处死，待血液凝固后再行剥皮，这样不仅可使做出的标本美观整洁，而且能避免虫害蛀蚀。

处死方法有以下几种：

窒息法：用手掐捏胸部两侧的腋部，压迫胸腔，使它无法呼吸而致死。

气针法：用注射器往翼部内侧肱静脉管中注入少量空气，形成气栓以阻断血液循环，造成脑大量缺氧而使鸟体死亡。

乙醚法：往玻璃缸中放进浸有乙醚的棉花球，接着把家鸽也放置缸内，不久便可使它昏迷致死，也可用装有少量乙醚的小玻璃烧杯扣住家鸽的头部，或者把乙醚注入家鸽的胸腔使它致死。不过要注意，用乙醚麻醉的鸽肉一般是不能食用的。

切颈总动脉法：一只手抓住家鸽双翅的基部和两条腿，并使其泄殖腔口朝上，另一只手将解剖剪伸进口腔剪断颈椎处的颈总动脉，从喙处向外放血。待家鸽发生痉挛失去肌紧张而死亡后，即清理掉血及污物，并用棉花填堵在口腔中，以防污物流出。

总之，处死家鸽的方法很多，应该选择能够最大限度地减少动物痛苦的方法。一般来说，采用乙醚麻醉使动物体昏迷致死的方法比较文明。另外，用电处死动物速度快，不会造成动物长时间的疼痛，也比较可行。

死鸽清理

有些受伤或被打死的鸽子，羽毛常被血或污物弄脏。清理的方法是：用棉花团将伤口、口腔、泄殖腔处的口堵住，用毛刷蘸水刷去羽毛上的血渍；如果是白色鸽子的羽毛被染上血污，还需用少量肥皂粉洗涤，然后用干布拭去水分，并在洗涤处撒上新鲜石膏粉。当石膏粉因吸收水分而结成块状时（一般约半小时后），可用刷子刷去粉块；如果羽毛尚未完全干燥，还可重复一次。

测量记录

工艺品用的剥制标本与教学科研用的剥制标本有一个重要区别：前者没有什么量度记录，只有观赏价值；后者必须有详细的量度记录，包括采集时间、采集地点、体重、长度等等，越是稀少、名贵的标本，这方面的要求越严。

（1）量度

体长：自上喙先端至尾端的自然长度。

嘴峰长：自上喙先端至嘴基开始生羽部位的长度。

翼长：自翼角（腕关节处）至最长飞羽先端的长度。

尾长：自尾羽基部至最长尾羽先端的长度。

跗蹠长：自胫骨与跗蹠关节后面的中点处至跗蹠与中趾关节前下方的长度。

此外，有些鸟类还需测量爪长、趾长、翼展长。

上述测量结果要详细记录在登记簿上。

（2）记录

除尺寸量度外，每一种标本还需记录如下内容。

采集日期；采集地点；体重；性别；虹膜、眼球，脚、喙等的颜色。

皮肉剥离

不论是世界上最小的蜂鸟（体重仅4~5克，与拇指差不多大小），还是世界上最大的鸵鸟（体高达2.75米，体重达75千克），它们的剥制方法基本上是相同的（特殊种类除外），只是有的剥起来容易一些，有的剥起来比较难。剥制的难易主要取决于鸟的皮肤的厚薄和牢度，有的鸟类皮肤极易破裂，并且不易缝合，如杜鹃、夜莺；有的鸟类羽毛疏松，容易脱落，如斑鸠。对于初学者来说，显然是选用那些皮肤和羽毛不易被弄破碰坏的动物比较合适，本节所选的家鸽是非常理想的实验材料。因为它的皮肤厚薄适中，皮下没有大量脂肪，毛羽比较浓紧而不易脱落。

在讲剥制之前，有必要先熟悉一下家鸽的各部分结构。

（1）皮肤开口

将已处死的家鸽直卧于解剖盘上，头部向左，用解剖镊轻轻拨开胸部的羽毛，找到龙骨突起上没有羽毛的部位，并继续分离羽毛至颈部后边的嗉囊

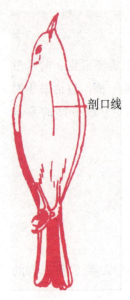

鸟类剖口线示意图

处，暴露出胸部及部分颈部的皮肤。然后沿胸部龙骨突起中央，由前向后把皮肤正直地剖开一段，再沿这个切口向前剖开至嗉囊处。注意，切口的大小要合适，过大过小都不利。切口处最好撒上石膏粉，以防羽毛被血液和脂肪所沾污（在后面将要进行的剥离皮肤的全部过程中，都要经常地这样做；如果不小心剥破了某个血管，致使大量血液外流，也不要慌张，可及时在伤口处堵上石膏粉，以清理血污）。

（2）剥离胸部的皮肤

左手轻拿已剥开的皮肤边缘，右手持解剖刀，边剖割边剥离皮肤与肌肉之间的结缔组织，一直剥到胸部两侧的腋下。由于鸽的结缔组织较松，所以也可以用手剥离，只是用力要适当，尽量靠皮肤的基部往下剥，注意不要撕破皮肤。

（3）剥离颈部的皮肤

用左手的拇指与食指压住靠近锁颈两侧剖开皮肤的边缘，其余三指将头向上托，用解剖刀慢慢剥离颈项的皮肤。当剥至头骨基部时，用左手拇指和食指把颈项肌肉捏住，右手用剪刀将颈部连肉带颈椎骨一起剪断，并用左手把连着头部的颈项向头部方向拉回，如下图所示。

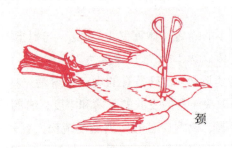

颈

颈项的截断位置

（4）肩及颈背的剥离

一只手拿起颈部肌肉，使家鸽背部朝上，鸽体倒挂，另一只手把家鸽的头和颈部翻到背上，然后用手按住肩膀，像脱衣服似的从已剖开的颈部开始往下剥离，使颈背和两肩露出。初学者不易掌握分寸，往往用力过猛而把皮肤脱破，所以最好采用下面的方法：仍把家鸽置于解剖盘中，一只手拿住颈部皮肤的边缘，另一只手慢慢剖割皮肉之间的结缔组织，要注意左右两边同时剖割，以免损坏皮毛。

从肩部剥至肱骨部附近肘需特别细心，剥到肱骨部中间时用剪刀剪断，如下图所示。

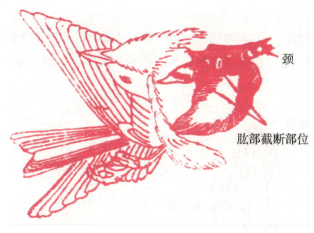

颈

肱部截断部位

肱部截断位置示意图

（5）体背及腰腹的剥离

继续向体背及腰部方向剥离。剥至腰部时要注意：一般鸟类腰部皮肤较薄，且羽毛的羽轴根大都着生于腰部椎骨上，所以不能用力强拉，必须小心地用解剖刀紧贴腰骨慢慢地剥离。在背腰部皮肤逐渐剥离的同时，腹面也必须相应地往腹部方向剥离。

（6）腿的剥离

腹面剥离的结果两腿显露，这时要先剥其中一条腿的皮肤至胫腓骨部与跗蹠骨部之间的关节处，用剪刀插入胫部肌肉，紧贴胫腓骨向股骨方向剪剔，将胫骨上的肌肉剔除干净，再用剪刀剪去股骨和胫骨之间的关节，胫部

腿的剥离

的肌肉则在胫跗关节间剪断、剔净。按此方法再剥另一条腿。

（7）尾部的剥离

当腹面剥至泄殖腔孔时，手拿尾部和已剥好的其他部位的皮毛，使剥下的躯体肌肉部分朝下，泄殖腔孔朝上，这样做的目的是为了避免在进行下面

的步骤时直肠中的粪便等污物从泄殖腔孔流出。用刀把直肠基部割断，并向后剥至尾基。待尾部背面有尾脂腺露出时，即用刀将尾脂腺切除干净，同时用剪刀剪断尾骨末端，要注意别剪断尾羽的羽轴根，以免尾羽脱落。剪断后的尾部内侧皮肤呈"V"字形。到此为止，家鸽的皮肤与躯体肌肉就全部脱离了。

这时应该判认一下家鸽的性别，因为仅从家鸽的外形是区别不了雌雄的，只有剖开腹腔，通过生殖器官的辨认才能最后确定。家鸽的雌雄生殖系统如下图所示。

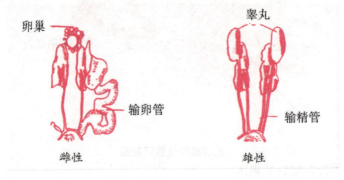

卵巢 睾丸 输卵管 输精管 雌性 雄性

鸟类生殖器官

（8）两翼的剥离

翼部皮肉的剥离最难。一般是将肱部拉出，右手拿住肱部，左手将皮肤慢慢剥离；剥至桡尺骨时，可用拇指指甲紧贴飞羽轴根将翼部皮肤从尺骨上剥下，剥时得十分小心，以免把皮肤拉破，使翼羽脱落。初学者通常用解剖刀，先剥离肱骨部的皮肤再小心地使皮肤与尺骨分离。剥到尺骨与腕骨关节之间时，先剪断桡骨与肱部的联接，然后连同腕骨一起剪掉桡骨，只留尺骨，这样填充时操作顺利、迅速，易于整形。

（9）头部的剥离

首先检查一下口腔中有无污物，如有污物应及时清理干净，然后开始剥头。家鸽头部的特点是头比颈小，故比较好剥。有的鸟类头比颈大，这就需要在后头和前颈背中央直线剖开一个口，切口的长度视鸟头的大小而定，通常以能将头部和颈项翻出为准。

下面的剥离方法对两类鸟类都适用：左手拿住颈项，右手持解剖刀把皮肤向头部方向剥离，剥至枕部时两侧出现不明显的灰褐色的耳道，此时应用解剖镊夹紧耳边基部将它轻轻拉出，或用解剖刀紧靠耳边基部将它割断。继续向前剥落头部两侧又出现暗黑色的眼球，用解剖刀轻轻割开眼睑边缘的薄膜，注意千万不要割破眼睑，以免影响标本的美观，切割时尽量靠近眼球，如不慎将眼球割破，要及时用石膏粉或棉花清理，并用剪刀把上下颌及其附近的肌肉剔除干净。

（10）剪开脑颅腔，清理鸟体

按右图指定的部位在枕孔周围剪开脑颅腔，扩大枕孔，用镊子夹住脑膜把脑取出，并用一团棉花将脑颅腔擦拭干净。接着清除整个鸟体皮肤内侧上的残脂碎肉，并把剥皮过程中撒的石膏粉也用刷子刷去。

脑颅腔切开位置

防腐处理

为了防腐和保护羽毛不脱落，需作防腐处理。常用的防腐剂有砒霜或砒霜樟脑粉、石炭酸等。防腐剂毒性大，使用时应注意安全。

涂防腐剂前需将鸟皮全部翻转，再用毛笔蘸一些防腐剂涂在皮肤的内面、骨骼、颅腔等处，特别是尾基部残余肌肉较多的地方应多涂抹一些，全部涂完后将皮翻回。

支架填充

支架是用 2 根或 3 根铁丝扭结而成，所用铁丝粗细以能支持标本重量为宜（家鸽一般用 16 号铁丝）。其中的一根铁丝用来支持躯体，其长度应长于体长。另一根铁丝的两头没胫骨向足心穿出。作展翅标本时，用第三根铁丝沿着两翅的肱、尺骨捶到指骨表端为止。在三根铁丝相应的躯干部、腿部和臂部之处缠绕棉花或麻皮。

装入支架后，再填装适量棉花或竹线。先从颈基部、胸部往后加填。胸部必须填得丰满、均匀、平整。如不是展翅标本，将两尺骨放在体内近中央的棉花上，再用棉花塞住，勿使尺骨随翼脱出，使两翼紧贴体侧。

将假眼嵌入眼眶，如无假眼，要暂用棉团填入眼眶。

全部填装完后，把腹面切开的皮肤拉拢，在切口处用外线缝合。缝时针先从皮肉穿出，再由对侧皮内向外穿出。针距要适宜，针口不宜离皮肤切口过近，以免拉破皮肤。缝口应由前向后，缝完后打一结，将腹面羽毛理顺并

掩盖住缝线与切口。

固定整形

（1）整理羽毛：用镊子轻轻理顺各部分的羽毛，哪个部位发现羽毛缺少，应用附近的羽毛将其遮盖。

（2）整理眼眶：用镊子将眼眶挑拨成圆形，并要特别注意两只眼睛的位置在同一水平上，切不可一高一低。

（3）整理躯体：用手将躯体凹、凸、斜、歪等不合适的地方加以矫正，使躯体看上去整齐、顺眼。

（4）整理姿势。飞翔姿势：头、颈、躯体几乎成一直线，两翅张开，两脚缩起或向后伸直；静立观望姿势：鸟体直立，两脚胫跗部伸直，头部略为抬高；静立姿势：两脚平行直立或一前一后，胫跗关节微曲，头颈在躯体的前上方，头部向前或转向侧面，颈部略弯曲，躯体背高、腰低，尾部朝下，尾羽不张开或微张；觅食姿势：两脚一前一后，胫跗关节略弯、头部向下靠近地面，颈部稍曲，偏向左或右侧，背低腰高，尾羽一般朝上并张开。

将初步整形的标本固定在标本台板上。先在台板上按动物两脚位置扎孔钻眼，再将标本脚下的铁丝插入孔内并在台板下面固定。也可以将鸟类标本固定在合适的树枝树桩上，这样能更好地衬托出标本的生动形象。但要注意：①树枝或树桩经消毒后方可使用，以防虫蛀；②营陆栖生活的鸟类和游禽不能固定在树枝上。

最后整形

固定在台板或树枝上的标本，需继续理顺羽毛，矫正姿态，使它更接近于自然状态。为防止干燥过程中羽毛损坏和两翅下垂变形，可用纱布或棉花包裹鸟的躯体。

在标签上记下标本的重量、体长、采期、采地、性别等，并把标签贴在台板上。

标本放在避阳通风处干燥后，取下包裹的棉花或纱布，在喙、脚处涂一层稀清漆（加松香水），放入标本柜保存。

初学者最难学习的也许是固定整形。整形工作的水平在很大程度上影响着标本是否形象、生动、逼真。制作者只有通过实践，认真观察动物的形态结构和生活习性，并不断提高自己的艺术修养，才能把整形工作做好。

蜂 鸟

蜂鸟是雨燕目蜂鸟科动物约600种的统称，是世界上已知最小的鸟类。蜂鸟身体很小，能够通过快速拍打翅膀悬停在空中，每秒约15次到80次（每分钟约900~4800次），它的快慢取决于蜂鸟的大小。蜂鸟因拍打翅膀的嗡嗡声而得名。蜂鸟是唯一可以向后飞行的鸟。蜂鸟也可以在空中悬停以及向左和向右飞行。蜂鸟是世界上最小的温血动物（恒温动物）。

蜂鸟色彩鲜明，常和雨燕同列于雨燕目，亦可单列为蜂鸟目。分布局限于西半球，在南美洲种类极多。约有12种常在美国和加拿大，只有红玉喉蜂鸟繁殖于北美东部新斯科舍到佛罗里达。分布最北的是棕煌蜂鸟，繁殖于阿拉斯加的东南部到加利福尼亚的北部。蜂鸟都是小鸟，有的极小。南美西部最大的巨蜂鸟也不过20克重。最小的蜂鸟见于古巴和松树岛，稍重于5.5克。这是最小的现存鸟类，与小鸜鹟同为最小的温血脊椎动物。

蜂鸟体强，肌肉强健，翅桨片状，甚长，能敏捷地上下飞、侧飞和倒飞，还能原位不动地停留在花前取食花蜜和昆虫。体羽稀疏，外表鳞片状，常显金属光泽。少数种雌雄外形相似，但大多数种雌雄有差异。后一类的雄鸟有各种漂亮的装饰。颈部有虹彩围涎状羽毛，颜色各异。其他特异之处是由冠和翼羽的短粗羽轴，抹刀形、金属丝状或旗形尾状，大腿上有蓬松的羽毛丛（常为白色）。嘴细长，适于从花中吸蜜。刺嘴蜂鸟属和尖嘴蜂鸟属的嘴短，但是剑喙蜂鸟的嘴极长，超过其体长21克一半。许多种类的嘴稍下弯。镰喙蜂鸟属的嘴很弯。而翘嘴蜂鸟属与反嘴蜂鸟属的嘴端上翘。

延伸阅读

保护鸟类就是保护环境

林地是构成地球植被的重要部分，许多生物以林地为生息繁衍地，鸟类是其中最重要成员。在这里，植物是生产者，各种昆虫和一些以植物为食的哺乳动物是消费者，鸟类一方面作为消费者参与了林地生态的活动，另一方面又抑制着对植物有破坏作用的生物。林地为鸟类提供了栖息地，而鸟类保护了植物的正常生长，它们处在不同的食物链上的不同环节，成为了林地生态系统的骨干。

我们的祖先深深懂得爱鸟的意义，文字记载虽详略不一，但从古至今历代不绝。甲骨文中鸟字像啄木鸟啄虫状，且出现在卜辞中，有令鸟防虫之意，中国的古人很清楚这种鸟的价值。到孔子时，他明确地提出了"覆巢毁卵则凤凰不翔"的保护鸟类的思想。《礼记·王制篇》规定："不麛不卵，不杀胎，不殀夭，不覆巢"，指出捕杀幼鹿和毁巢掏鸟蛋都是不允许的。《淮南子》中有休猎休渔的详细记载，特别强调在特定的季节不得毁林和烧田以保护幼鸟。此后各朝代都有政府的法令强调保护鸟类和其他的动物，至中华人民共和国建立后先后出台了许多保护鸟类和其他野生动物的法规和条例，并制定了相关的法律。世界共有鸟类156科，9 000多种，已经有139种灭绝了，保护鸟类已经刻不容缓。

鸟类标本的采集

采集标本的用具用品

（1）网具：用于捕捉灌丛中和树上小型鸟类。常用的网具为长方形，分为张网和挂网。网眼大小和网线粗细，根据捕捉对象不同而有区别。捕捉小型鸟类的网眼直径多为1.8厘米，网的长度为2~5米，宽度1.5米。在网的上下两个边和中部贯以较粗的绳索，以便于张挂。

（2）鸟笼：用于暂时盛放捕捉到的鸟类。

（3）圆规、直尺：用于鸟体测量。

（4）照相机、记录本、铅笔：用于拍摄和记录被捕鸟类特征。

（5）鸟类检索表和鸟类彩色图谱：用于鉴定鸟的种类。

标本的采集方法

采集灌丛中小型鸟类，用张网采集。选择林缘或林间空地上布网。将网的两端系在树干或事先带来的竹竿上。为了不使鸟类发现，网具最好安放在背后有灌丛或小乔木的地方。网具安放好后，组织同学们从远处将鸟群向安放网处哄赶，使鸟触入网眼中，然后进行捕捉。

采集树上鸟类用挂网采集。选择枝叶茂密的树木，将网具悬挂在树上，等鸟飞落到张网附近时，组织同学们在树下进行哄赶，使其触网被捕。

对捕捉的鸟，按种类每种选留几只，放入鸟笼中，带回学校进行鸟体测量和种类鉴定。其余悉数放归山林。对触网受伤的鸟，应全部放入笼中带回治疗。

灌　木

灌木是指那些没有明显的主干、呈丛生状态的树木，一般可分为观花、观果、观枝干等几类矮小而丛生的木本植物。常见灌木有玫瑰、杜鹃、牡丹、小檗、黄杨、沙地柏、铺地柏、连翘、迎春、月季、荆、茉莉、沙柳等。

最小的鸟和最小的鸟卵

许多人都知道蜂鸟是世界上最小的鸟类，其实这种说法并不十分准确，因为全世界的蜂鸟有315种左右，分布于从北美洲的阿拉斯加到南美洲的麦哲伦海峡，以及其间的众多岛屿上。它们的体形差异也很大，最大的巨蜂鸟体长达 21.5 厘米，当然不能说它是世界上最小的鸟了。而产于古巴的吸蜜蜂鸟的体长只有 5.6 厘米，其中喙和尾部约占一半，体重仅 2 克左右，其大小和蜜蜂差不多，这样的蜂鸟才是世界上体形最小的鸟类，它的卵也是世界上最小的鸟卵，比一个句号大不了多少。蜂鸟的羽毛大多十分鲜艳，并且闪耀着金属的光泽。它们的飞行本领高超，可以倒退飞行，垂直起落，翅膀振动的频率很快，每秒钟可达 50～70 次，所以有"神鸟"、"彗星"、"森林女神"和"花冠"等称呼。我国近几年有很多地方都声称发现了蜂鸟，其实都是误传。

两栖及爬行类标本

　　两栖类，指既可以在水中生活，又可以在陆地上生活的动物。这类动物幼年通常在水中生活，成年之后，水陆两种环境皆可生活。这类动物既有适应陆地生活的新的性状，又有从鱼类祖先继承下来的适应水生生活的性状。

　　爬行类，是第一批真正摆脱对水的依赖而真正征服陆地的变温动物，可以适应各种不同的陆地生活环境，爬行动物也是统治陆地时间最长的动物。

　　爬行动物现在到底有多少种很难说清，因为新的种类还在不断地被鉴定出来，大体来说，爬行动物现在应该有 8 000 种左右。

两栖类标本的采集制作

　　我国的两栖类动物约有 200 种，大多分布于淡水水域及其沿岸一带，少数分布于农田和森林地区，草原地区的两栖类种类很少。两栖类的活动规律主要表现在季节性活动和昼夜活动两个方面。

1. 季节性活动

我国北方地区的两栖类，一般约在3—5月份结束冬眠，开始苏醒；南方则提早1~2个月左右，如蟾蜍在2月份、黑斑蛙和泽蛙在4月份苏醒。有些种类苏醒后立即进入繁殖期，如大蟾蜍；但有些种类则在以后才进入繁殖期，如泽蛙。春夏两季是两栖类繁殖、生长发育和觅食主要时期。秋末天气渐冷便陆续进入冬眠。不同地区、不同种类的冬眠时间和冬眠地点常不相同，如大鲵多在深洞或深水中冬眠，黑龙江林蛙在河水深处的沙砾或石块下冬眠，大蟾蜍则多潜伏在水底或烂草中冬眠等等。

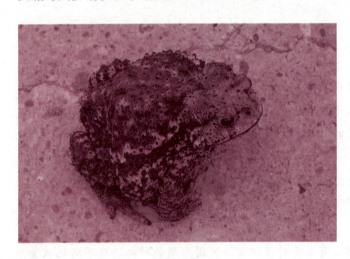

蟾 蜍

2. 昼夜活动

无尾两栖类大多夜间活动，它们白天匿居于隐蔽处，以躲避炎热天气，如大蟾蜍常匿居于杂草丛生的凹穴内，黑斑蛙多匿居于草丛中等等。黎明前或黄昏时活动较强，雨后更加活跃。但少数种类如泽蛙则在白昼活动。有尾两栖类一般也多在夜间活动，如大鲵白天潜居在有回流水和细沙的洞穴内，傍晚或夜间出洞活动，只在气温较高的天气，才在白天离水上陆在岸边活动。

两栖类的采集

1. 采集用具

（1）捕网：用于捕捉水中或岸边活动的无尾类。结构与昆虫捕网相同。其网袋要用孔目较大的尼龙纱制成，以利透水。

（2）钓竿：用于钓捕无尾类。竿的顶端系一细绳，绳端缚有蝗虫等诱饵。

（3）布袋：用于盛放两栖类成体。

（4）记录本及铅笔。

2. 采集的时间和环境

（1）采集时间。北方地区的 3—8 月，南方地区的 2—9、10 月，都有两栖类进行繁殖，尤其是 3—7 月，进行繁殖的种类最多，是采集的最好时期。在此时期中，雌、雄成体会集聚到水域或近水域的场所，相互抱对产卵，此时不仅可采到许多成体，也可采集卵和蝌蚪。

（2）采集环境。适合采集两栖类的环境，一般是草木繁茂、昆虫滋生、河流、池塘和山溪较多的地方。在这样的环境中，两栖类的种类和个体数目最多。

3. 采集方法

（1）无尾两栖类的采集方法。对活动能力较弱的种类如大蟾蜍、花背蟾蜍和中国林蛙，可用手直接捕捉；对水中活动和跳跃能力较强的种类，如黑斑蛙、金线蛙、蝾螈等，可用网捕捉；有些种类栖息于洞穴，水边或稻田草丛中，如虎纹蛙，可用钓竿进行诱捕。诱捕时，一手持钓竿，不时抖动钓饵，诱蛙捕食。蛙类具有吞食后不轻易松口的特点，可以利用这一特点进行捕捉。

无尾两栖类在夜间行动迟缓，尤其在手电筒照射时，往往呆若木鸡，很好捕捉。但夜间路途难行，采集者如果道路不熟悉，容易落入水中。因此组织采集两栖类动物时，应安排在白天进行，以防止发生意外。

（2）有尾两栖类的采集方法。有尾两栖类大多为水栖，而且大多栖居在高山溪流的浅水中，白天多潜伏在枯枝落叶的石块下或石缝中，可在白天翻动石块寻找。有些种类生活在山区水塘中，如肥螈、瘰螈等，当水清时，常能从水上看到它们。这些种类性情温和，游动缓慢，可用手捕捉或用网捕捞。

两栖类的成体测量和记录

1. 测量用具用品

（1）体长板：用于测量成体各部分长度。其规格和质地与测量鱼类的体

长板相同。

（2）乙醚：用于麻醉杀死动物。

（3）号签（竹制）、记录本、铅笔等。

2. 测量准备工作

将需做标本的、活的成体动物用乙醚麻醉杀死，然后用清水洗涤干净，系好号签。

3. 测量内容

（1）无尾两栖类的主要测量部位

体长：自吻端至体后端。

头长：自吻端至上、下颌关节后缘。

头宽：左右关节之间的距离。

吻长：自吻端至眼前角。

前臂及手长：自肘关节至第三指末端。

后肢长：自体后端正中部分至第四趾末端。

胫长：胫部两端间的长度。

足长：内趾突至第四趾末端。

（2）有尾两栖类的主要测量部位

体长：自吻端至尾端。

头长：自吻端至颈褶。

头宽：左右颈褶间的距离（或头部最宽处）。

吻长：自吻端至眼前角。

尾长：自肛孔后缘至尾末端。

尾宽：尾基部最宽处。

4. 记录

按两栖类成体野外采集记录表栏目进行记录，见下表。

两栖类成体野外采集记录表

编号	
种名	
采集日期	
采集地点	
生活环境	生活习性
性别	第二性征
体色	
体长	头长
头宽	吻长
前臂及手长	后肢长
胫长	足长
尾长	尾宽
其他	

标本制作

两栖类大多根据外形和内部骨骼特点进行分类检索。因此，对两栖类采集、测量和记录之后，应制作浸制标本和骨骼标本。本节以蛙类为例，说明骨骼标本的制作。

骨骼标本是动物比较解剖学中常用的直观教具之一。由于骨骼的结构比较复杂，特别是脊椎动物头骨的演化知识比较抽象，不易理解，所以，通过对脊椎动物骨骼标本的观察、对照和比较，帮助学生掌握和理解动物骨骼的知识，了解各纲代表动物之间的亲缘关系，具有十分重要的意义。

骨骼标本有3类：第一类是关节分离的骨骼标本。这种标本骨骼和骨骼之间的关节在制作过程中基本上是分离开的，制成后的标本关节之间用金属丝上下串连在一起；第二类是附韧带的骨骼标本。这类标本比较多见，它们的骨骼和骨骼之间的关节处以韧带相联；第三类是透明的骨骼标本。在制作这类标本时，采用化学药品处理，使其肌肉透明，从而显现出骨骼。

不同的动物种类采用不同的标本制作方法。如大型动物梅花鹿、虎、豹等宜采用关节分离骨骼标本的制作方法，家鸽、兔、蛙等小型的动物宜采用附韧带骨骼标本的制作方法，一些更小型的动物如小兔、小鱼、蝌蚪等则最好制作透明骨骼标本。本节重点介绍附韧带骨骼标本和透明骨骼标本的制作方法。

1. 附韧带的骨骼标本制作法

（1）药品

A. 腐蚀剂：0.5%～2%的氢氧化钠溶液，用以腐蚀残留在动物骨骼上的肌肉，使骨骼构造清晰、洁净。

B. 脱脂剂：汽油、二甲苯，用于溶解、清除骨髓中的脂肪。

C. 漂白剂：0.5%～1.5%过氧化钠、8%或30%过氧化氢、1%～3%漂白粉（次氯酸钙）溶液，用以漂白骨骼。

（2）工具、器皿及其他

A. 工具：解剖剪、解剖刀、解剖镊、解剖盘。

B. 器皿：标本瓶、烧杯、量筒、玻璃棒等。

C. 其他：乳胶、大头针、标本台板（泡沫塑料板或软木板）、玻璃标本盒。

（3）附韧带的骨骼制作的3种方法

①冷制作法：这种方法在剔除肌肉时不需做任何处理，打开腹腔后，可以让学生仔细观察内脏各系统的形态结构，尔后再去皮去肉做成骨骼标本。

A. 先将已麻醉昏迷的蟾蜍置于解剖盘中，腹面朝上，左手持镊子夹起蟾蜍皮肤，右手持解剖剪沿腹中线偏左或偏右剪开腹面；注意不要剪断腹部大动脉，以免流血过多而影响解剖观察。接着将皮肤剥离。蟾蜍耳后方有一对发达的耳后腺，内含毒液，溅到人的皮肤上和眼睛里会引起疼痛，剥离时得格外小心。

B. 将剥完皮的蟾蜍仍然腹面朝上呈"大"字形，用大头针斜插四肢予以固定，再按上述剪皮肤的方法剪开腹部肌肉（注意不要剪到胸部肌肉，以免剪坏剑胸软骨），便可观察蟾蜍内脏。

C. 用剪或刀将蟾蜍的内脏挖出。由于它的肩胛骨无韧带与脊椎相连，所以要在第二、三脊椎横突上把左右肩胛骨连同肢骨与脊椎分离，使蟾蜍分成两部分。

D. 细心剔除附着在蟾蜍全身骨骼上的肌肉。为避免躯干与腰带相连的韧带分离，在清除脊椎横突与髂骨相连的肌肉时，最好多留一些肌肉和韧带。

E. 清水冲洗剔除肌肉的骨骼，然后放进 0.5%～0.8% 的氢氧化钠溶液中浸泡腐蚀，时间约 1～3 天。浸泡的目的是使骨骼上残余的肌肉膨胀发软，以便进一步清理。在腐蚀骨骼的过程中，如果发现韧带呈透明胶状，说明腐蚀已经过度，必须随时观察，掌握好腐蚀时间。腐蚀后的骨骼用清水冲去碱液，并再作一次清理，至骨骼上完全干净无肉为止。腐蚀剂不要用金属容器盛放，更不要与易锈金属接触，以免腐蚀损坏容器和铁锈沾污骨骼。

制作鸟类（鸟）和哺乳类（兔）动物的骨骼标本，方法基本上与蟾蜍一样，只是在腐蚀肌肉后要脱脂。因为这些种类动物的脂肪比较多，尤其是骨骼里的脂肪，如不及早清除，制成标本后脂肪将会从骨骼间隙中渗透出来，使骨骼发黄，并容易沾染灰尘。办法是把腐蚀后的骨骼先晾干，再放入汽油或二甲苯中脱脂。如以汽油脱脂，应使用密闭容器，以防汽油挥发，并要注意安全。脱脂时间约一星期。

F. 漂白骨骼是用 0.5%～0.8% 的过氧化钠溶液浸泡 2～4 天，然后取出用清水洗去过氧化钠溶液。如果使用过氧化氢溶液漂白，还要特别注意溶液的浓度和漂白的时间，因为过氧化氢（双氧水）的腐蚀力很强，浓度过高或时间过长会破坏骨骼上的珐琅质，使骨骼易碎、易折。过氧化氢溶液的浓度一般取 3%～30%，检查浓度是否适中的法办是取一小滴配制好的溶液滴在指甲上，一分钟后观察，如果冒泡了，那就说明漂白液浓度过高。漂白时间的长短视骨骼的质地和厚薄而定。蛙一般不用漂白，若要漂白，可用浓度很低（3%）的双氧水浸泡 3～4 小时，不要等骨骼非常白时才拿出来。

用小刷子沾浓双氧水刷骨骼的漂白方法效果也不错，但也要注意不要刷得太白。

G. 整形和装架，将处理好的骨骼放在软木板或泡沫塑料板上，整理好躯体和四肢的姿态，即可进行干燥。为防止在干燥过程中骨骼支架变形，应用大头针将整好姿势的骨骼固定在软木板上。蟾蜍在生活状态时头部是抬起呈倾斜状的，为此最好在下颌和胸椎骨下面垫些棉花。骨骼干燥后，可用乳胶将两部分骨骼粘在一起，前肢的腕骨和后肢的蹠骨也用乳胶粘在标本台板上。最后，将制成的骨骼标本装入玻璃标本盒中。

②热制作法：用开水浸泡剥皮的蟾蜍，由于用开水烫过的肉很嫩，所以容易把它从骨骼上除掉。具体做法如下：

先将蟾蜍放在密闭的标本瓶中，用乙醚麻醉使它昏迷致死。然后剥去蟾蜍的皮，挖出内脏，用解剖刀和解剖剪剔除大块的肌肉，再放入 100℃ 的开

水中浸烫。浸烫时间的长短要根据蟾蜍的大小来定，时间太短固然不行，时间太长也会带来问题，不仅肉被"煮"老，反而不好清理，而且联结骨骼间关节的韧带可能被"煮"断，给最后的骨骼定型带来很大困难。要是开水烫后清理仍不干净，还可以用小牙刷继续清理。

剔除皮肉时，要注意蟾蜍骨骼的头骨、脊柱、腰带和后肢骨各关节间均有韧带相连，不能把这些韧带弄断，而应借助韧带保持各关节的联系。另外，还要重视蟾蜍的前肢骨和肩带骨与家兔不同，蟾蜍的前肢骨，肩带骨与脊椎之间虽然没有韧带相连，但左右前肢骨与肩带骨各关节之间却有韧带，把左右上肩胛骨从第二、三脊椎横突上割离后，前肢骨与肩带之间仍可借助干韧带保持联系。

热制作法的优点是制作简单、迅速，处理当时就能制作出标本。缺点是不容易掌握好在开水中热"煮"的时间，掌握不好会把韧带烫断。

整形装架与剖腹制作法相同。

③蠹虫制作法：蠹虫是昆虫纲，皮蠹科动物，非常喜欢吃各种动物的干肉，尤其是幼虫，吃肉的胃口很大，食用速度也快。此法与冷制作法的前4个步骤相同，不同的是在第五个步骤，需将蟾蜍整好姿势，摆好位置，然后放在室外招引蠹虫前来吃肉。如果是夏天制作标本，应先将肉风干，以防蝇蛆腐蚀。还应随时注意观察毒虫吃食的情况，肉被基本吃完时，要马上拿回室内，否则蠹虫会毫不客气地把骨骼上的韧带也吃掉。

2. 透明骨骼标本制作法

透明骨骼标本制作法是利用化学药品和染料对动物体的肌肉和骨骼进行固定、染色，再把肌肉上的颜色退去，留下骨骼上的颜色，借助药品的作用使肌肉透明，让埋藏在肌肉里的染有颜色的骨骼显现出来。制作透明骨骼标本要经过固定、透明、染色、进一步透明、脱水及保存6个步骤。只要操作严格、细致、耐心，这种标本是比较容易做成的。

（1）固定：将蟾蜍处死后，剥掉皮肤，掏出内脏，用清水冲洗掉动物体上的血液，然后把它的姿态整理好，绑在玻璃板上放入盛有固定液的标本瓶中。固定液最好是用95%的酒精，过去用福尔马林液固定效果不佳。动物体在酒精中固定约一星期，酒精每隔两天更换一次。固定以后用水把酒精冲净。

（2）透明：把动物体放在1%~2%的氢氧化钠溶液中浸泡2~4天（如溶液浓度加大，浸泡时间要相应缩短），到肌肉呈半透明状、我们能隐约见

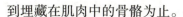

到埋藏在肌肉中的骨骼为止。

（3）染色：用1%或2%的茜素红溶于酒精（浓度为95%）或水中给动物体染色，时间约12~36小时，使整个标本呈紫红色。

（4）进一步透明：首先用2%氢氧化钾或氢氧化钠30毫升、甘油30毫升、水60毫升配合成混合液，然后将动物体浸干混合液中1~3天，并放到强烈的阳光（不是指夏天的强光，而是指冬天的强光，夏天的强光温度过高，作用太快不易掌握，所以这种标本适于在冬天制作）下曝晒，待肌肉退成淡红色，再浸入30%的甘油中1天，最后还要放在氢氧化铵30毫升、甘油30毫升，水70毫升的混合液中浸泡2~5天。

（5）脱水：当肌肉已经透明，骨骼颜色呈紫红色时，为防止标本产生皱缩现象，可将它依次放入浓度为25%、50%、75%、100%的甘油中各浸泡2~4天，使标本脱水到全部透明为止（浸渍时间的长短视动物体的大小而定）。

（6）保存：为使标本能长期保存而不被霉菌所污染，可将标本浸入纯甘油，并加入少量（一小粒）麝香草酸。

3. 透明骨骼标本的简易快速制作法

上面介绍的透明骨骼标本制作法，所需时间较长，小型动物需一两个月，较大型动物需要几个月、一年甚至一年以上。这里介绍的简易快制作法只需4天左右即可做出小型动物鱼、蛙的标本，较大型的动物也只需7~8天，这样就大大节省了时间。简易快速制作法的具体操作过程介绍如下：

①除去动物的皮及内脏，洗净躯体上的血污。

②整姿后浸在95%酒精中放进37℃恒温箱中一天，然后放到无水酒精中仍置于37℃恒温籍内8~12小时，目的是使细胞组织完全脱水、干燥。

⑨将标本移入2%~8%的氢氧化钾水溶液中，置于24℃~25℃恒温箱内。当隐约能看出脊柱时，即逐渐降温至14℃~15℃，待头骨和前肢已透明，再使温度下降至13℃；当后肢特别是臀部也已透明时，整个标本就全部透明了。

④将透明好的标本依次浸入下列溶液中进一步透明：第一种溶液是甘油50毫升，2%~8%氢氧化钾水溶液25毫升，蒸馏水25毫升，时间约8~12小时；第二种溶液是甘油80毫升，蒸馏水20毫升，时间约8~12小时，第三种溶液是纯甘油加0.5%福尔马林防霉防腐，作为永久封藏液。

为使标本更加美观，还可用茜素红染色。

知识点

大蟾蜍

　　大蟾蜍俗名癞蛤蟆，分布于欧洲中部等地，现已引入美国、菲律宾和其他地区。

　　大蟾蜍体长达10厘米以上。身体肥胖，四肢短，步态及齐足跳的姿势具特征性。背部皮肤厚而干燥，通常有疣，呈黑绿色，常有褐色花斑。上、下颌均无齿，无声囊。趾间具蹼。毒腺在背部的疣内，主要集中在突出于两眼后的耳后腺内。受惊后毒腺分泌或射出毒液。

　　白天多栖息于泥穴或石下、草丛内，夜晚出来捕食昆虫。成体冬天多在水底泥内冬眠。干旱季节，多待在洞内。早春在水中繁殖，可迁移至1.5千米外或更远的适合繁殖的池塘。卵产在两条长形冻胶状管内，每次产卵600～30 000个，数天后蝌蚪即可孵出。1～3个月后发育为成蟾。

　　大蟾蜍常作为实验动物。耳后腺和皮肤腺的白色分泌物可制成"蟾酥"，可做药用，能治疗多种疾病。

延伸阅读

无足目

　　无足目或称蚓螈目通称为蚓螈，是现代两栖动物中最奇特、人们了解最少的一类。蚓螈完全没有四肢，是现存唯一完全没有四肢的两栖动物，也基本无尾或仅有极短的尾，身上有很多环褶，看起来极似蚯蚓，多数蚓螈也像蚯蚓一样穴居，生活在湿润的土壤中。蚓螈虽然有眼睛，但是比较退化，有些隐藏于皮下或被薄骨覆盖，而在鼻和眼之间有可以伸缩的触突，可能起到嗅觉的作用。一些蚓螈背面的环褶间有小的骨质真皮鳞，这是比较原始的特征，也是现代两栖动物中唯一有鳞的代表。所有的蚓螈都是肉食性动物，主要捕食土壤中的蚯蚓和昆虫幼虫。不少蚓螈是卵胎生，但是也有一些是卵生。蚓螈共有160余种，分布于大多数热带地区，但是澳大利亚、马达加斯加和加勒比海诸岛却没有分布，而在印度洋的塞舌尔群岛有分布。

我国常见爬行类动物的分布

我国共有爬行类300余种，主要为蛇类、蜥蜴类和龟鳖类，还有我国特产的杨子鳄。它们广泛分布于森林、草原、农田、居民点以及淡水水域中。

森　林

在东北小兴安岭和长白山针阔混交林地区，典型的爬行种类有黑龙江草蜥、团花锦蛇、棕黑锦蛇、灰链游蛇和蝮蛇等。在华北落叶阔叶林地区，优势种有虎斑游蛇、黑眉锦蛇、红点锦蛇、赤链蛇、蝮蛇、丽斑麻蜥和无蹼壁虎等。在亚热带常绿阔叶林地区，大部分地区常见的蛇类有乌游蛇、草游蛇、水赤链游蛇和鼠蛇等南方种类。

蝮　蛇

广布于北方的蝮蛇，在本区也很普遍，红点锦蛇和虎斑游蛇等也较常见。本区的毒蛇种类较多，除蝮蛇外还有眼镜蛇、五步蛇和竹叶青等。蜥蜴类中最常见的是北草蜥、石龙子、蓝尾石龙子和多疣壁虎等。

草　原

蜥蜴类以丽斑麻蜥和榆林沙蜥比较常见。蛇类以白条锦蛇分布最广泛，黄脊游蛇在北部甚为常见。

农　田

北方农田及其附近常见蛇类有虎斑游蛇、黑眉锦蛇、红点锦蛇和赤链蛇。南方的山地、田野、稻田内常有中国水蛇、乌梢蛇和铅色水蛇等。

居民点

常见的蜥蜴类有无蹼壁虎和多疣壁虎等。在南方常见于住宅附近的蛇类有银环蛇和白唇竹叶青，黑眉锦蛇和烙铁头也常侵入住宅内。

无蹼壁虎

淡水水域

北方水域中，龟鳖目常见的只有一种鳖，蛇类中以虎斑游蛇和水赤链蛇等为常见。南方常见的有乌龟和锯缘摄龟等。另外，我国特产的扬子鳄分布在皖南丘陵等地。

知识点

扬子鳄

扬子鳄或称作鼍，是中国特有的一种鳄鱼，是世界上体型最细小的鳄鱼品种之一。它既是古老的，又是现在生存数量非常稀少、世界上濒临灭绝的爬行动物。在扬子鳄身上，至今还可以找到早先恐龙类爬行动物的许多特征。所以，人们称扬子鳄为"活化石"。因此，扬子鳄对于人们研究古代爬行动物的兴衰和研究古地质学和生物的进化，都有重要意义。我国已经把扬子鳄列为国家一类保护动物，严禁捕杀。为了使这种珍贵动物的种族能够延续下去，我国还在安徽、浙江等地建立了扬子鳄的自然保护区和人工养殖场。

延伸阅读

爬行动物的演化支

在最早的爬行动物出现后不久，出现了两个演化支，一个是无孔亚纲。无孔亚纲拥有坚硬的头颅骨，没有颞颥孔，仅有与鼻孔、眼睛、脊椎相对应的洞孔。乌龟被认为是目前仅存的无孔动物，因为它们拥有相同的头颅骨特征；但最近有些科学家认为乌龟是返祖遗传到原始的状态，以增加它们的保护能力。关于乌龟的起源，目前有爬行动物的后代、失去颞颥孔的双孔亚纲两派学说。

另一群演化支是双孔亚纲，头颅骨上有两个颞颥孔，位于眼睛后方。双孔动物进一步分化为两个支系：鳞龙类包含现代蜥蜴、蛇、喙头蜥，可能还有中生代的已灭绝海生爬行动物；主龙类包含现代鳄鱼与鸟类，以及已灭绝的翼龙目与恐龙。

而最早期、具坚硬头颅骨的羊膜动物也演化出另一独立的演化支，称为单孔亚纲。合弓动物的眼睛后方有一对窝孔，可减轻头颅骨重量，并提供颌部肌肉附着点，增加咬合力。单孔亚纲最后演化为哺乳类，因此被称为似哺乳爬行动物。单孔亚纲过去为爬行纲的一个亚纲，但目前为个别的合弓纲。

爬行类动物标本的采集

爬行类由于是变温动物，活动规律有一定的季节性，一般在11月份以前进入冬眠期，3月份前后苏醒出蛰，4—10月份为活动期。爬行类能适应多种多样的生活环境，在田边、山坡、池塘、溪畔、灌木丛、草地、树上、房屋以及海域等各种不同环境中，都有它们的分布，都是采集它们的地点。

蜥蜴类的采集

蜥蜴类常常生活在干燥、温暖、阳光充沛的山坡、草丛、树上或路旁的石堆缝隙中，有时爬到草丛上捕食昆虫。我国产的蜥蜴类，大多数是小型种

类，使用简单工具就能进行捕捉。常用工具有软树枝、活套、蝇拍、小网和钓竿等。

（1）用软树条扑打。当发现蜥蜴后，可用软树枝或细竹梢扑打，使其受震而暂时不能活动，然后迅速拾起放入容器内。我国产的蜥蜴均没有毒，完全可以用手拾取。这种方法主要用于地上活动的种类。

（2）用蝇拍或小网捕捉。此法多用于墙壁上活动的种类。

（3）用活套捕捉。用一根长竹竿，其末端结一根马尾或尼龙丝的活套，当遇到蜥蜴，待它停止不动时，乘机将竹竿轻轻伸出去，套住它的颈部，立刻拉回，或在蜥蜴面前摇动活套，挑逗蜥蜴，等它仰头时，将活套对准蜥蜴头部扣下，迅速提起拉回。此法主要用于捕捉树上活动的种类。

（4）用诱饵垂钓进行诱捕。用一定长度的棉线系以昆虫进行垂钓。此法用于捕捉石缝中的种类。

乌龟的采集

乌龟一般在 11 月份气温低于 10℃时进入冬眠，第二年 4 月出蛰，当温度上升到 15℃以上，开始正常活动，进行大量取食。乌龟主要在水中捕捉小鱼、小虾、螺类为食，也常上陆觅食。在 5—8 月份，常于黄昏或黎明爬到沙滩或泥滩上产卵。可以

乌　龟

利用它到陆上觅食和产卵的习性寻找捕捉，由于乌龟行动迟缓，一旦发现，完全可以用手直接捕捉。

鳖的采集

鳖是我国淡水水域中的广布种。它的季节活动周期与乌龟大体相同。采集鳖时，可在夏秋季节，到水边寻找水中有无鳖进食后剩下的碎螺壳和鼠粪

样的鳖粪，也可根据溪流岸边鳖爬行后留下的足迹，以辨别是否有鳖及其活动方向。如有可用垂钓的方法进行捕捉。

在采集爬行动物时，应着重于蜥蜴类和龟鳖类。关于蛇类，虽然它是我国爬行动物中种类最多的类群，是人类采集爬行动物的重要对象，但鉴于毒蛇咬伤的危险性，采集者应尽量不采。

鳖

知识点

变温动物

体温随着外界温度改变而改变的动物，叫做变温动物。如鱼、蛙、蛇、变色龙等。变温动物又称冷血动物，地球上的动物大部分都是变温动物。变温动物并不是需要寒冷，而是其体温与其所生活的环境类似，例如，蚯蚓的体温等于所住的土壤的温度；鱼的体温等于其四周的水温。这一类动物的体温是随着环境温度的改变而改变，所以，以变温动物的专有名词来形容其可变的体温，最能叙述其真义。

延伸阅读

爬行动物的循环系统

大部分的现存爬行动物具有闭合的循环系统，它们具有三腔室心脏，由两个心房与一个心室所构成，心室的分割方式并不一致。它们通常只有一对大主动脉。当它们的血液流经三腔室心脏时，含氧血与缺氧血只有少量混合。但是，血液可改变流通方式，缺氧血可流向身体，含氧血可流向肺脏，使爬

行动物的体温调节更有效率，尤其是水生物种。

鳄鱼具有四腔室心脏，可以在水中以三腔室心脏运作。某些蛇类与蜥蜴（例如巨蜥与蟒蛇），具有三腔室心脏，但可以四腔室心脏方式运作。因为它们心脏的皮瓣可在心动周期时，随着扩张、收缩隔开心室。某些喙头蜥可借由皮瓣，产生类似哺乳动物与鸟类的心脏运动。

爬行类动物的标本制作

爬行动物的标本制作，除了少数大型种类（如蟒、蛇、巨蜥、海龟等）必须制作剥制标本外，一般均制作浸制标本保存。其制作方法有以下两种。

酒精浸制法

对小型蜥蜴类，先用注射器向标本体腔中注入 50% ~80% 的酒精进行处死和防腐，然后用线固定在玻璃条上，放入盛有 80% 酒精的标本瓶中浸泡保存。并在标本瓶外贴上标签，写清编号、采集日期、采集地点、采集人、制作人等项内容。

用酒精浸制时，最好由低浓度向高浓度逐步更换浸制液，使标本逐步失水，最后保存在 80% 的酒精中。这样浸制的标本，虽经长期保存，但标本始终能保持柔软，不失原形，取出后仍然可以进行解剖和制作组织切片。

福尔马林浸制法

对小型蜥蜴类，先用注射器向标本体腔中注入 7% ~8% 的福尔马林，进行处死和防腐，然后用线固定在玻璃条上，放入盛有 20% 福尔马林液的标本瓶内进行固定。几天后再转入 7% ~8% 的福尔马林液中长期保存。

对龟鳖类，要先从泄殖腔注入麻醉剂（如乙醚），待麻醉后，将头和四肢拉出，向体内注射 7% ~8% 的福尔马林液处死，然后固定形状，并保存在 20% 福尔马林液中。几天后再转入 7% ~8% 的福尔马林中长期保存。如果放入标本瓶中，瓶外应加贴标签。

蜥蜴

蜥蜴，属于冷血爬虫类，和它出现在三叠纪时期的早期爬虫类祖先很相似。大部分是靠产卵繁衍，但有些种类已进化成可直接生出幼小的蜥蜴。蜥蜴俗称"四足蛇"，有人叫它"蛇舅母"，是一种常见的爬行动物。蜥蜴与蛇有密切的亲缘关系，二者有许多相似的地方，周身覆盖以表皮衍生的角质鳞片，泄殖肛孔都是横裂，雄性都有一对交接器，都是卵生（或有部分卵胎生种类），方骨可以活动，等等。

延伸阅读

中生代

二叠纪末期的灭绝事件，造成合弓类动物、无孔类爬行动物的大量灭绝，而主龙形下纲成为陆地优势动物。早期主龙类已具有直立的四足步态，在短期内演化出多种演化支：恐龙、翼龙目、鳄形超目、以及其他三叠纪的主龙类。其中，恐龙是三叠纪后期到白垩纪末期的陆地优势动物群。因此中生代有时被戏称为"恐龙时代"、"爬行动物时代"。在侏罗纪中期，兽脚亚目恐龙演化出许多有羽毛恐龙，更进一步演化出鸟类。

相对于主龙形下纲，鳞龙形下纲则可能演化出多群海生爬行动物：楯齿龙目、幻龙目、蛇颈龙目、沧龙科；鱼龙类可能演化自更原始的双孔类爬行动物。鳞龙形下纲也演化出多种陆栖小型爬行动物，例如：喙头蜥、蜥蜴、蛇、蚓蜥。

在恐龙的竞争压力下，兽孔目演化出体型小、高代谢率的物种，并在侏罗纪晚期演化出哺乳动物。